普通高等教育“十四五”规划教材

环境工程专业实习指导书

周 振　王罗春　李云辉　周传庭　编著

北 京
冶 金 工 业 出 版 社
2022

内 容 提 要

本书内容主要分为 5 章。第 1 章是城市生活污水处理厂实习，重点是污水 AAO 工艺和污水厂除臭工程；第 2 章是生活垃圾填埋场实习，重点是垃圾填埋过程、渗滤液处理工程、填埋气导排工程和恶臭控制工程；第 3 章是生活垃圾焚烧厂实习，重点是垃圾渗滤液处理工程、焚烧厂给水处理工程、烟气净化系统和噪声治理工程；第 4 章是危险废物处置与资源化实习，重点是危险废物刚性填埋和医疗废物焚烧；第 5 章是燃煤火电厂生产实习，重点是烟气净化系统。

本书可作为高等院校环境工程专业本科实习教材，也可供从事相关行业的工程技术人员参考。

图书在版编目(CIP)数据

环境工程专业实习指导书/周振等编著. —北京：冶金工业出版社，2022. 7

普通高等教育“十四五”规划教材

ISBN 978-7-5024-9158-1

Ⅰ. ①环…　Ⅱ. ①周…　Ⅲ. ①环境工程—实习—高等学校—教学参考资料　Ⅳ. ①X5-45

中国版本图书馆 CIP 数据核字（2022）第 080027 号

环境工程专业实习指导书

出版发行　冶金工业出版社　　**电　　话**　(010)64027926

地　　址　北京市东城区嵩祝院北巷 39 号　　**邮　　编**　100009

网　　址　www. mip1953. com　　**电子信箱**　service@ mip1953. com

责任编辑　王悦青　程志宏　美术编辑　彭子赫　版式设计　孙跃红

责任校对　梁江凤　责任印制　禹　蕊

三河市双峰印刷装订有限公司印刷

2022 年 7 月第 1 版，2022 年 7 月第 1 次印刷

710mm×1000mm　1/16；11. 5 印张；226 千字；176 页

定价 49. 00 元

投稿电话　(010)64027932　投稿信箱　tougao@cnmip. com. cn

营销中心电话　(010)64044283

冶金工业出版社天猫旗舰店　yjgycbs. tmall. com

(本书如有印装质量问题，本社营销中心负责退换)

前　言

现场实习是高等院校工科专业教学计划中的一个重要组成部分，是理论联系实际的一种可靠手段，对于巩固学生所学的专业理论知识，扩大学生的专业视野，培养学生的实践意识和提高解决工程实际问题的能力具有不可替代的作用。传统的实习环节一般包括认识实习、生产实习和毕业实习。

环境工程专业认识实习是环境工程专业本科教学计划中非常重要的实践性教学环节，是环境工程专业学生在开始进行专业基础课和专业课学习之前，对本专业所从事工作的性质和内容的一次实地考察，有助于学生初步明确自己的学习目标。通过认识实习应达到如下目的：(1) 初步了解废水、废气、固体废物和物理性污染等控制工程的基本工作原理、工艺流程和主要工艺单元组成等；(2) 使学生对环境工程有一个感性认识，激发学生对专业知识的学习兴趣，巩固学生的专业思想；(3) 增强学生为改善和保护人类生存环境的责任感和使命感，为进一步学习环境工程专业知识打下良好基础。

生产实习是环境工程专业本科三年级学生开设的实践环节，是环境工程专业实践教学环节中的一个重要组成部分，是学生接触环境工程专业领域生产实际的重要手段。生产实习的目的和基本任务，是让学生了解环境保护工作的实际，了解环境治理过程中存在的问题、理论和实际相冲突的难点问题，使学生结合环境工程专业基础和专业理论课程的学习，将所学环境工程系统和设备的理论知识与实际生产相联系，通过生产实习这一实践教学环节印证、巩固和加深所学的基本理论知识。通过接触实际生产和工艺过程，加深对本专业各方向应用领域的了解，提高分析和解决专业问题的能力，逐步建立工程观念。

毕业实习是学生完成全部课程学习之后，进行毕业设计与撰写论文前的一个重要实践教学环节。它对巩固已学专业理论知识和将要进行的毕业设计与论文具有重要的作用。毕业实习的基本目的是给学生提供理论联系实际的学习条件，巩固与加深所学书本知识的理解，培养学生观察、分析、解决实际问题的能力，同时也可获得毕业设计与论文所需的素材和技术资料。鼓励学生以学习的态度为改进企业环保方面的工作提出合理化建议。

本书内容全面，实习案例包括污水处理厂、生活垃圾填埋场、生活垃圾焚烧厂、危险废物处置中心和燃煤电厂，知识面涵盖水污染控制工程、固体废物处理与资源化、大气污染控制工程、噪声污染控制工程、危险废物处置工程等，可作为环境工程专业认识实习、生产实习和毕业实习的指导书。

参与本书编写的有上海电力大学的周振（第1~2章、第5章），上海电力大学的王罗春（第1~5章），上海城投污水处理有限公司竹园第二污水处理厂的李云辉（第1章），上海市城市建设设计研究总院（集团）有限公司的周传庭（第1~2章）。此外，上海城投污水处理有限公司的陈广、上海城投污水处理有限公司竹园第二污水处理厂的张鸣、上海老港废弃物处置有限公司的张美兰和林姝灿、上海康恒环境股份有限公司的白力和杨德坤、上海电力股份有限公司吴泾热电厂的戴世峰为本教材的编写提供了大量的素材，本教材的出版还得到了上海市教委中本贯通项目的大力支持，在此一并表示感谢。

由于编著者水平和经验有限，编写时间仓促，书中疏漏和不足之处敬请读者批评和指正。

编著者

2021年6月于上海

目　录

1 城市生活污水处理厂实习

实习目的

（1）了解生活污水的 A/O 处理工艺。
（2）了解生活污水的 AAO 处理工艺。
（3）了解深床纤维滤池的工作原理及优点。
（4）了解污水处理厂的污泥处理处置工艺。

实习重点

（1）根据污水处理目的（除氮、除磷、同时脱氮除磷），设计污水处理工艺。

（2）结合实习污水处理厂污泥的特点，设计一个污泥资源化处理的技术方案。

（3）结合实习污水处理厂的特点，设计一个除臭技术方案。

实习准备

实习前应充分回顾所学的相关专业知识，并查阅以下资料。
（1）活性污泥法处理城市污水的原理。
（2）城市污水脱氮工艺。
（3）生活污泥的主要处理处置技术。
（4）污水处理厂主要除臭工艺。

现场实习要求

（1）以图片和文字的形式进行记录。

（2）记录污水处理厂的处理量、进出水水质、处理工艺流程、各处理环节详细的设计和运行参数。

（3）记录污泥产量、特征与处理工艺流程、各处理环节详细的设计和运行参数。

（4）记录污水处理厂的环境保护的运行管理资料，包括机构人员配置、岗位与职能、日常环保管理等。

扩展阅读与参考资料

(1)《厌氧-缺氧-好氧活性污泥法污水处理工程技术规范》(HJ 576—2010)。

(2)《城镇污水处理厂污泥处理技术规程》(CJJ 131—2009)。

(3)《城镇污水处理厂污泥处理稳定标准》(CJ/T 510—2017)。

(4)《城镇污水处理厂污泥处理技术标准(征求意见稿)》。

(5)《城镇污水处理厂污染物排放标准》(GB 18918—2002)。

(6)《城镇污水处理厂污染物排放标准(征求意见稿)》。

(7)《水污染防治行动计划》。

1.1 污水处理厂简介

上海某污水处理厂位于浦东新区外高桥保税区东北角，北邻长江，占地面积约20万平方米。服务范围如图1-1所示，主要接纳由虹口港、杨浦港地区的旱流截流污水，其服务面积为37.33km^2，服务人口为93.56万人。

一期工程于2005年7月动工建设，2007年10月正式运营。提标改造工程于2016年12月开工，2018年8月开始进水调试。污水处理厂全景如图1-2所示。

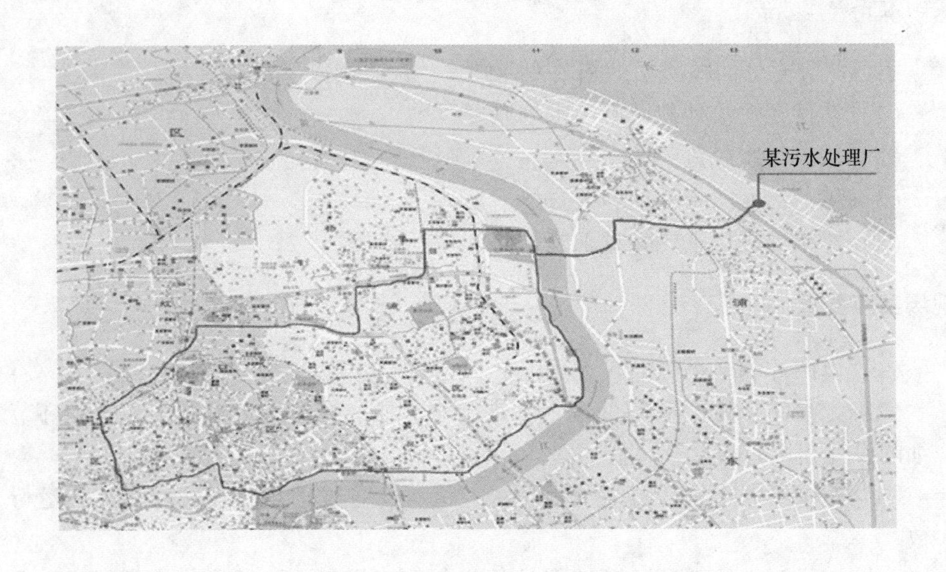

图1-1 污水处理厂服务范围

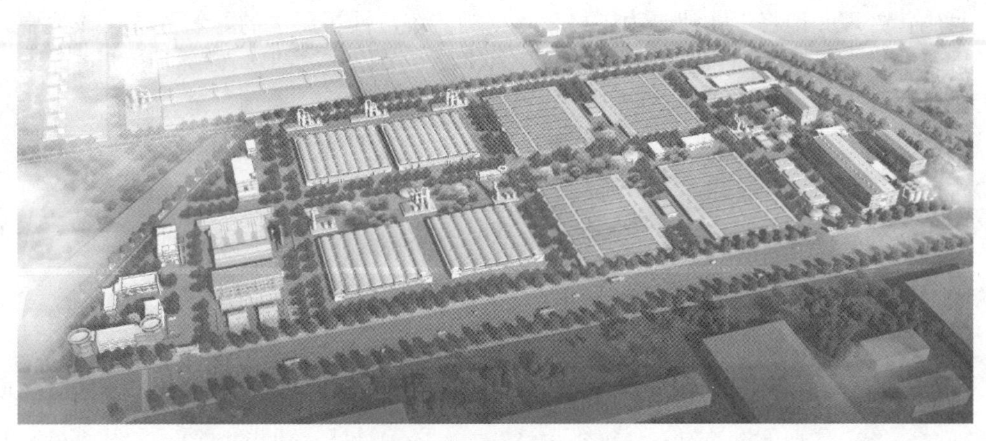

图 1-2 污水处理厂全景图

1.2 污水处理厂一期工程

1.2.1 概况

污水处理厂一期工程日处理规模 50 万立方米，旱季高峰流量 7.52m^3/s，雨季高峰流量 20.85m^3/s，主要接纳虹口港、杨浦港地区的旱流截流污水，污水经二级生物处理后排放长江，出水执行二级排放标准。

污水处理厂采用闭式双泥龄 A/O（缺氧/好氧）处理工艺[1]，具体工艺流程如图 1-3[2]所示。进水经粗格栅过滤，由进水泵房提升，再经细格栅过滤及旋流沉砂池进入生物池。生物池采用 70%处理水量好氧处理和 30%处理水量缺氧/好

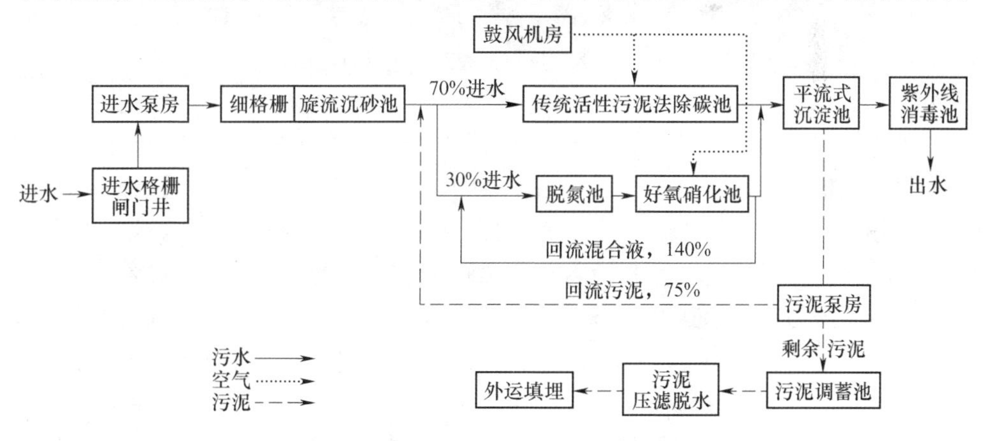

图 1-3 污水处理厂闭式双泥龄 A/O 处理工艺

氧硝化处理，即将生物池分为二格，一格为传统活性污泥法的好氧池，在该池中进行除碳，停留时间短，泥龄较短；另一格为缺氧/好氧池，在该池中进行完全硝化，并在反硝化段进行反硝化脱氮。两格出水混合后，实现了部分硝化，并一同进入平流式沉淀池进行泥水分离。平流式沉淀池的出水经过紫外线消毒后排放。

生物反应池分为四组八座反应池，图 1-4 为其中一座反应池，每一座池又分为好氧段（O 段）和缺氧-好氧段（A-O 段）并联运行。进水首先与外回流污泥混合，经过分配，进水 1 进入 O 段，进水 2 进入 A-O 段。在 O 段，主要进行有机物和氨氮的去除；在 A-O 段，主要进行有机物去除和通过硝化反硝化过程强化脱氮。在 A-O 段的好氧段末端设置了内回流泵，将经过硝化作用的混合液回流至缺氧段前端，与进水 2 混合后进行反硝化脱氮。最终，O 段出水 1 与 A-O 段出水 2 混合后排入二沉池配水井。

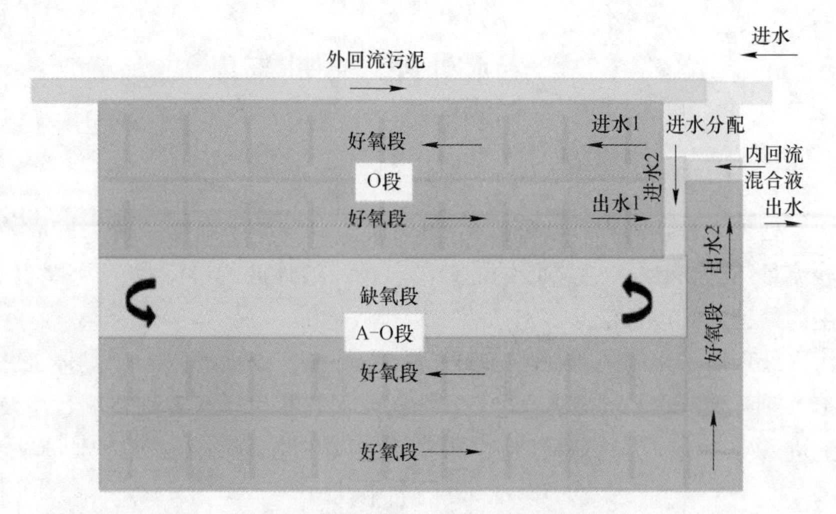

图 1-4　生物反应池处理工艺示意图

污水处理厂剩余污泥采用机械浓缩、脱水的方法进行处理，主要设备为污泥浓缩机和板框脱水机[3]，脱水后污泥含固率在 20%左右，外运至老港固体废弃物填埋场进行填埋。

由于污泥性质的复杂性和设备等多方面原因，2007 年正式运行后，污水处理厂的脱水能力未能达到设计 55t/d 的干污泥产能。因此，厂内技改时，新增带式浓缩脱水机房，处理干污泥能力约 15t/d，与板框脱水机共同处理剩余污泥。

板框机的工艺流程为：污泥调蓄池（出泥含水率 99.1%）→螺压式污泥浓缩机（出泥含水率 97%）→隔膜板框压滤机（出泥含水率 78%~80%）→污泥料仓→污泥外运。

带式浓缩压滤机的工艺流程为：污泥调蓄池（出泥含水率99.1%）→带式浓缩压滤机（出泥含水率80%）→污泥料仓→污泥外运。

由于污泥永久处理工程——竹园干化焚烧工程尚未建成，老港填埋场暂存库容告罄，在此背景下，2012年下半年开始建设污泥深度应急脱水工程，工艺流程为：剩余污泥→螺压机浓缩（出泥含水率97%）→加无机药剂（熟石灰+$FeCl_3$）在线调理→隔膜板框机脱水，脱水污泥含水率低于60%。污泥深度应急脱水工程2013年5月投入试运行，出泥运往老港填埋场永久库。后经项目整改，停用了螺压机，采用离心机浓缩，同时将污泥在线调理改为序批式调理。待竹园污泥处理工程投产后，污泥脱水系统需作调整至出泥含水率80%，然后运往竹园污泥处理工程进行干化焚烧处理。

污水处理厂的除臭工艺[4]为：污水预处理区采用加盖收集，集中离子除臭工艺；脱水机房通过厂房植物液喷淋除臭；污泥料仓、新建污泥深度脱水机房采用生物除臭工艺除臭。

1.2.2 污水处理厂分区

污水处理厂总平面布置如图1-5所示。整个污水处理厂分为厂前区、污水处理区和污泥处理区三个功能分区。

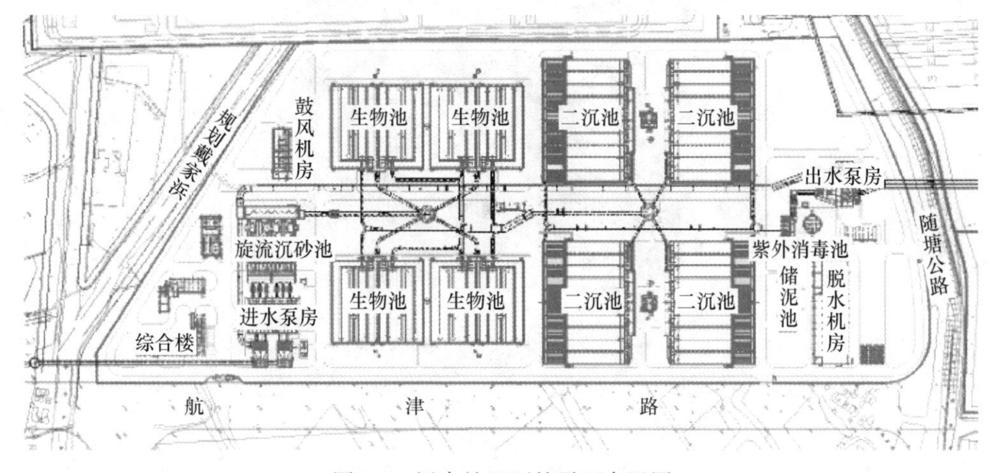

图1-5 污水处理厂的平面布置图

厂前区布置在污水厂的西南角，处于污水厂的主导风向的侧风向，集中布置综合办公楼、机修车间及汽车库等。

污水处理区布置有进水及粗格栅井、进水泵房、细格栅及沉砂池、1号配水井、双泥龄AO生物池、2号配水井、平流沉淀池、紫外线消毒池及出水泵房。预处理区及鼓风机房如图1-6所示，生物处理池如图1-7所示，平流式沉淀池及污泥泵房如图1-8所示。

图 1-6　预处理区及鼓风机房

图 1-7　生物处理池

图 1-8　平流式沉淀池及污泥泵房

污泥处理区布置有污泥调蓄池、脱水机房及污泥料仓，另外还布置了厂区雨污水泵房及排江高位井等。

1.2.3 主要污水处理构筑物

1.2.3.1 进水接收井及闸门格栅井

进水接收井及闸门格栅井的功能是将航津路 DN3500 污水总管污水引入进水接收井，通过格栅井将影响水泵运行的杂质去除外运，并将污水分配至进水泵房。进水接收格栅闸门井如图 1-9 所示。

图 1-9 进水接收格栅闸门井

构筑物形式为钢筋混凝土矩形地下构筑物，尺寸为 23.2m×13.7m×10.8m（工艺深），设置两座。旱时平均设计流量 5.79m^3/s，高峰设计流量 7.37m^3/s，雨天最大流量 20.85m^3/s。污水杂质去除采用 2 套移动抓爪式格栅除污机（图 1-10），单台过栅流量 10425L/s，单机宽度 B=9.7m，栅条间隙 B=60mm，安装倾角 80°，控制方式采用格栅前后液位差，由 PLC 自动控制，同时设有定时排渣和手动控制排渣。排渣采用螺旋栅渣压榨机 2 套，与粗格栅联锁，由 PLC 控制自动开停，亦可现场控制。污水经 4 根 ϕ2700mm 污水管进入进水泵房，由 4 台 ϕ2700mm 电动闸门控制。

1.2.3.2 进水泵房及配水井

进水泵房（图 1-11）及配水井结构形式为钢筋混凝土矩形地下构筑物，平面尺寸 43.6m×28.76m×13.4m，全厂设置 1 座。旱时平均设计流量 5.79m^3/s，高峰设计流量 7.37m^3/s，雨天最大流量 20.85m^3/s。进水前池分两仓，尺寸为 43.6m×12.28m；主泵房内部分两仓平面尺寸 43.6m×13.68m，共设置 6 台蜗壳式混流泵（图 1-12）。单台蜗壳泵流量 Q = 3.48m^3/s，扬程 10m，功率 440kW，泵开启与前池水位连锁，由 PLC 控制自动开停，亦可现场控制。

图 1-10 移动抓爪式格栅除污机

图 1-11 进水泵房

图 1-12 蜗壳式混流泵

1.2.3.3 细格栅及旋流沉砂池

污水经进水泵房后，提升至细格栅（图 1-13）及旋流沉砂池（图 1-14）。细格栅分 2 组，共 12 套，每套细格栅有 1 条进水渠，进水渠采用 2000mm×2300mm

电动闸门控制进水，渠道宽度 2640mm，栅前水深 1.4m，栅后水深 1.2m。细格栅共 12 套，采用螺旋鼓式格栅，宽度 2600mm，栅条净距 9mm。与细格栅配套的栅渣螺杆输送机 2 台，单台长度 23m，宽度 600mm。

图 1-13　细格栅除污机

图 1-14　旋流沉砂池

污水经细格栅除污后进入旋流沉砂池。旋流沉砂池主要去除原水中比重大于 2.65，粒径大于 0.2mm 的无机砂粒，以保证后续流程的正常运行。旋流沉砂池共 4 组，8 座，均为圆形钢筋混凝土构筑物，单池设计流量 Q = 2606L/s，直径 7.3m，池深 6.82m。每座旋流沉砂池设置立式螺旋搅拌器 1 套，搅拌器直径 1500mm；不堵塞式吸砂泵（图 1-15）1 套，流量 30L/s。每 2 座旋流沉砂池设置螺旋砂水分离器 1 套，共 4 套，砂水分离器（图 1-16）与吸砂泵连锁由 PLC 控制，自动运行。

1.2.3.4　AO 生物池

生物段采用闭式双泥龄工艺，AO 生物池（图 1-17）分为除碳池、缺氧池、好氧池 3 部分。3 部分设计参数分别如下。

图 1-15　吸砂泵

图 1-16　砂水分离器

图 1-17　生物池

（1）除碳池单池尺寸：$B \times L \times H = 116.8\text{m} \times 63.7\text{m} \times 7.0\text{m}$；

除碳池总容积：$V_{总} = 52081\text{m}^3$；

数量：8 座；

单池池容：$V=6510m^3$。

（2）缺氧池单池尺寸：$B \times L \times H=60m \times 63.7m \times 7.0m$；

缺氧池总容积：$V_{总}=26754m^3$；

数量：8 座；

单池池容：$V=3344m^3$。

（3）好氧池单池尺寸：$B \times L \times H=116.8m \times 75.1m \times 7.0m$；

好氧池总容积：$V_{总}=61439m^3$；

数量：8 座；

单池池容：$V=7680m^3$；

容积负荷（BOD）：0.475kg/m^3；

产泥率（SS/BOD）：$Y=1.08$kg/kg；

产泥量（DS）：$G=54000$kg/d；

设计流量下停留时间：$t=4.55$h；

混合液悬浮固体浓度：MLSS=3000mg/L。

污泥回流比：75%生物池好氧段共设置 ϕ120mm 微孔曝气管（图 1-18）8000m。缺氧段设置潜水推流器（图 1-19）32 套，单套功率 3.1kW，转速 100r/min。内回流泵（图 1-20）为穿墙轴流泵，共 17 套，16 用 1 库备，单台回流量 220L/s，扬程 0.9m，功率 5.7kW。

图 1-18　曝气管

1.2.3.5　二沉池

生物池出水经沉淀池配水井（图 1-21）分配后进入平流式沉淀池（图 1-22），平流沉淀池分 4 组，每组 10 池，共 40 池。单池尺寸 10m×68m。单池设计最大流量 677m^3/h，设计水力负荷 1.0m^3/（m^2·h），有效水深 4.0m。每座沉淀池设置链条式刮泥机（图 1-23）1 台，刮泥机宽度 10m，长度 68m，功率 0.55kW。每套刮泥机配套撇渣设备。

图 1-19　潜水推流器

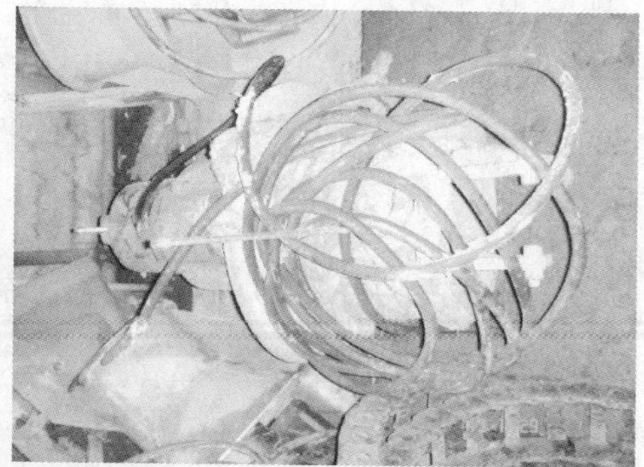

图 1-20　内回流泵

图 1-21　沉淀池配水井

每座二沉池进水由手电两用渠道闸门控制，参数为900mm×1700mm。沉淀池出水通过溢流堰溢流后进入出水渠出水，溢流堰堰板材质为玻璃钢，不具备调节功能，出水槽材质为碳钢。

图 1-22 二沉池

图 1-23 链条式刮泥机

1.2.3.6 紫外消毒池

二沉池出水由 2 道 2000mm×2200mm 箱涵进入紫外消毒池（图 1-24），紫外消毒池共有消毒渠道 6 道，其中 5 道渠装有紫外消毒设备（图 1-25），1 道渠作为超越渠和事故渠。紫外消毒设备 5 套，总功率 309.6kW。每道进水渠前设置电

图 1-24 紫外消毒池

图 1-25 紫外消毒设备

动铸铁渠道闸门，渠道闸门参数为 1800mm(*W*)×1000mm(*H*)，*P*=0.55kW，由渠道闸门控制渠道进水。

单道紫外消毒渠宽度 1830mm，长 5820mm，有效水深 1.44m。每道消毒渠出口设置 DN1000 水力拍门 2 套，共计 10 套。

1.2.3.7 出水泵房

经紫外消毒后的出水进入出水泵房（图 1-26），将根据长江潮位自流或开泵提升排入长江。地下部分为矩形沉井，沉井通过隔墙分为前、中、后三个部分，前端为对称布置的前池，中间则是水泵工作室，水泵工作室分为二层结构，水泵层平面标高为-1.525m，泵房地面标高为 4.80m，后端为出水压力井，主泵房地面层为单层矩形厂房结构。

图 1-26 出水泵房

泵房尺寸为 35.1m×29.5m×8.0m；旱流平均设计流量 5.79m^3/s；旱季高峰设计流量 7.37m^3/s；雨季最大流量 20.85m^3/s。

溢流泵采用 4 台抽芯式变叶片轴流泵（图 1-27），单台流量 4.33~4.80m^3/s，扬程 7.26~8.56m，功率 500kW，泵开启与前池水位联锁，由 PLC 控制自动开停，亦可现场控制。

尾水排放泵采用抽芯式变叶片轴流泵（图 1-27），共设置 2 台，单台流量 3.10~3.75m^3/s，扬程 4.10~7.25m，功率 355kW。泵开启与前池水位联锁，由 PLC 控制自动开停，亦可现场控制。

图 1-27 抽芯式变叶片轴流泵

1.2.3.8 回流及剩余污泥泵房

污水处理厂共设 2 座回流及剩余污泥泵房（图 1-28），分别建于 4 座沉淀池中间，泵房尺寸 12m×12.2m。

图 1-28 回流及剩余污泥泵房

回流泵采用潜水轴流泵（图 1-29），流量满足最大回流比 100%需求。污泥回流泵共 12 台，分 2 座 4 组，每组 3 台，8 用 4 备。单台流量 Q=0.724m^3/s，扬程 3.5m，功率 34kW。

剩余污泥泵采用潜水排污泵（图 1-30），共设置 6 台（4 用 2 备），分 2 座，每座 3 台。单台流量 133m^3/h，扬程 7.0m，功率 4.0kW。

图 1-29 回流泵

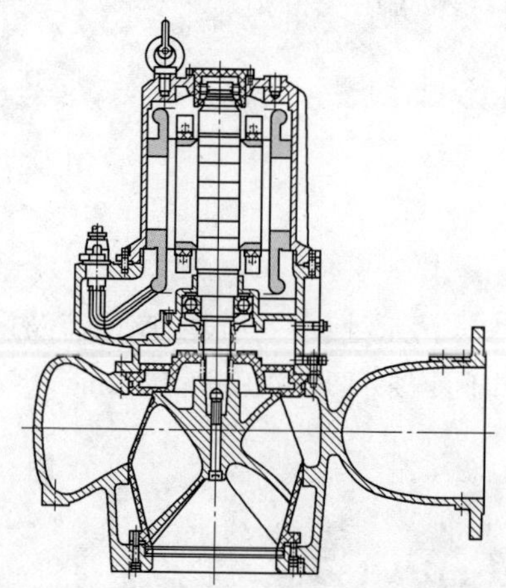

图 1-30 剩余污泥泵

1.2.4 主要污泥处理构筑物

1.2.4.1 污泥调蓄池

污泥调蓄池主要用于污泥浓缩脱水前的流量调节。污水处理工艺产生的污泥为生物反应池剩余污泥，剩余污泥排放为间歇性排泥。污泥调蓄池在发挥剩余污泥排放量与污泥浓缩系统进泥量之间的流量匹配作用的同时，通过污泥调蓄池的分格设计及进出污泥管路上的刀阀开关控制，减少剩余污泥在污泥调蓄池中的停留时间，避免剩余污泥中磷的释放。

污泥调蓄池（图 1-31）1 座分 4 格，单格尺寸 14m×14m×4. 3m，最大停留时间 1. 75h。每格调蓄池内设置潜水搅拌器 1 台，搅拌器功率 5. 5kW，每格调蓄池采用 DN400 和 DN300 电动刀闸阀控制进出泥。

图 1-31 污泥调蓄池

1.2.4.2 污泥浓缩脱水机房

污水处理设有一间污泥浓缩脱水机房（图 1-32）。剩余污泥经污泥调蓄池过渡后，由污泥浓缩机进泥泵（图 1-33）输送入污泥浓缩机（图 1-34）进行浓缩及脱水。机房内设置螺压式污泥浓缩机 6 套，5 用 1 备。浓缩后污泥含水率为 97%，单套浓缩机设计处理水量 $100m^3/h$。浓缩系统配置有 2 套絮凝剂自动配置装置及其混合装置。浓缩系统每天 16h 连续运行。脱水系统采用板框脱水机（图 1-35），间歇进泥，在污泥浓缩系统后设置有一套污泥调蓄罐，以匹配浓缩系统出泥量与脱水系统进泥量之间的流量差异。污泥脱水系统进泥泵直接从污泥调蓄罐中抽取污泥。共设有 4 套自动板框脱水机，每套脱水机干污泥的处理量为 18000kg/d，工作时间 16h/d，完整的脱水周期为 2h。

图 1-32 污泥浓缩脱水机房

每套脱水机均配套有 1 套板框移动液压装置、1 套板框移动清洗装置、1 台薄膜挤压泵（图 1-36）、1 台絮凝剂投加泵（图 1-37）、1 台污泥进料泵（图 1-38）、1 套空压机，整个脱水系统配置有 2 台高压冲洗泵及其贮水槽，配置有 2 套絮凝剂自动配置装置。

图 1-33　污泥浓缩机进泥泵

图 1-34　污泥浓缩机

图 1-35　板框脱水机

图 1-36　薄膜挤压泵

图 1-37　絮凝剂投加泵

图 1-38　污泥进料泵

1.2.4.3　污泥料仓（未使用）

污水处理厂共设置污泥料仓（图 1-39）6 座，用于临时储脱水污泥，单座直径 5m，总有效容积 200m^3。

图 1-39 污泥料仓

1.2.5 设施存在的问题

(1) 生物池问题。除碳池面浮渣极易堆积，最终形成浮泥层，且无法跟随水流自行排出生物池。生物池内曝气管已出现频繁脱落。除碳池面浮渣主要是由于水流对冲形成的流态不畅，部分污泥上浮形成浮泥层。

(2) 二沉池问题。出水槽为碳钢材质，锈蚀严重，需要更换，出水三角堰为玻璃钢材质且不可调，造成多处变形、破损、出水不均匀等现象。

(3) 污泥回流泵房问题。污泥回流量为 5.76m^3/s，每台污泥回流泵设计流量为 0.72m^3/s，共有 2 座污泥泵房，每座污泥泵房内四用二备。污泥回流泵房原结构进水流态不好，靠近进泥管处 2 台回流泵水力条件较差，无法正常运行，目前每座污泥泵房中内侧 4 台回流泵房运行，无备用泵。

(4) 紫外消毒池问题。现有消毒渠 6 道，其中 5 道消毒渠配置了紫外消毒设备。为提高消毒效果，5 条渠实际配置的灯管数量较设计值有所增加，相应过水面积减少，高峰流量时出水不畅，导致前段沉淀池出水三角堰被淹没，影响出水水质。

(5) 污泥处理系统。污泥处理以深度脱水为主，污泥产量为 204～280t/d（以含水率 80%计），目前厂内已完成深度脱水技术改造工程的整改工作，螺压机已停用，由新老板框机脱水系统共同完成剩余污泥的脱水，污泥浓缩和脱水处理干污泥的规模为 55t/d。总进泥泵及污泥切割机故障率较高，严重影响正常生产。污泥调蓄池无溢流孔。

(6) 除臭问题。生物池配水井和粗格栅均为膜结构的密封罩覆盖，由于除臭通风效果不佳，导致可调堰本体、控制箱、粗格栅等机电设备长期在硫化氢浓度较高的环境中，腐蚀严重，故障较多。污水处理厂进水是长距离输送的合流制污水，在管道内长时间的厌氧条件下，散发出含有大量硫化氢和其他恶臭物质的气体，浓度远高于其他污水厂，许多恶臭源仍未得到有效治理。

（7）鼓风问题。鼓风机润滑油降温采用风冷方式，在夏季时容易跳车。鼓风机出风管和输送主管有锈蚀情况，剥落的铁锈导致曝气管路不畅，生物池池底的曝气管微孔堵塞，进而造成鼓风机背压升高，发生喘振频率增大，出现异常停机的情况。

1.3 污水处理提标改造工程

1.3.1 概况

2015 年 4 月 16 日，国务院颁布《水污染防治行动计划》（简称“水十条”）指出：敏感区域（重点湖泊、重点水库、近岸海域汇水区域）城镇污水处理设施应于 2017 年底前全面达到一级 A 排放标准。根据“水十条”的要求，上海市污水处理厂出水应于 2017 年底前全面达到一级 A 标准。

提标改造工程涉及污水处理厂一期工程的污水处理设施、污泥处理设施以及臭气处理设施，主要工程内容包括现状旋流沉砂池改造、AO 池改造、二沉池改造、新建加氯加药间、新建中间提升泵房及絮凝池、新建高效纤维滤池、新建紫外消毒池、现状污泥脱水机房改造、新增除臭设施等。

提标改造工程设计规模每天 30 万立方米，于 2016 年 12 月开工，2018 年 8 月开始进水调试[5,6]。

1.3.2 主要设计参数

（1）设计水量。设计规模每天 30 万立方米；总变化系数 1.3。

（2）设计进水水质。设计污水进水水质为：化学需氧量（COD_{Cr}）270mg/L，生化需氧量（BOD_5）165mg/L，悬浮物（SS）190mg/L，总氮（TN）38mg/L，氨氮（NH_3-N）29mg/L，总磷（TP）5.1mg/L。

（3）设计出水水质。出水水质达到《城镇污水处理厂污染物排放标准》（GB 18918—2002）的一级 A 标准，其主要出水水质如下：化学需氧量（COD_{Cr}）不大于 50mg/L，生化需氧量（BOD_5）不大于 10mg/L，悬浮物（SS）不大于 10mg/L，总氮（TN）不大于 15mg/L，氨氮（NH_3-N）不大于 5mg/L，总磷（TP）不大于 0.5mg/L，粪大肠菌群数不大于 10^3 个/L。

（4）设计污泥量。根据计算，提标至一级 A 后，污水处理厂干污泥产量为 42.7t/d。出路是运往竹园污泥处理工程进行干化焚烧处理，出泥含水率需为 80%。

1.3.3 工程方案

污水处理厂提标改造工程各处理环节采用的主要工艺方案如下。

(1) 预处理工艺：利用现有预处理工艺（日处理规模减量至 30 万立方米）。

(2) 污水生物处理工艺：改造现有闭式双泥龄 AO 工艺为典型 AAO 工艺（日处理规模减量至 30 万立方米）。

(3) 污水深度处理工艺：微絮凝+纤维过滤工艺（新建高效纤维滤池）。

(4) 消毒工艺：主体采用紫外消毒工艺（新建紫外消毒池），辅助投加次氯酸钠。

(5) 污泥处理工艺：采用离心浓缩+离心脱水工艺（现状板框深度脱水系统保留备用）。

(6) 除臭工艺：采用以生物滤池为主的联合除臭工艺。在脱水系统内采用离子氧送风（新增设施）。

1.3.3.1 生物反应池改造方案

所有生物脱氮除磷工艺都包含厌氧、缺氧、好氧三个不同过程的交替循环。改造工程在满足处理要求的同时，尽可能减小对现有处理构筑物的影响，不削弱原结构整体性、稳定性及结构本体刚度，减少改造工程量。通过凿洞口，封堵部分孔洞，增加回流渠道，增加部分封堵墙等措施，在原生物处理池中划分出厌氧、缺氧和好氧段，并将 O 段与 A-O 段由并联运行形式改造为 AAO 串联形式。具体改造方案如下（图 1-40）[7]。

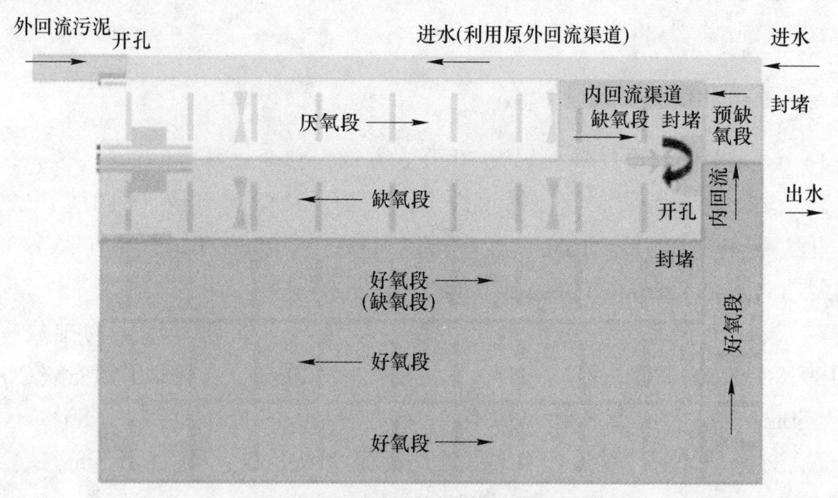

图 1-40 生物反应池改造方案处理工艺示意图

(1) 在原生物反应池 O 段增设潜水搅拌机，将其改造为厌氧段和缺氧段，在原 A-O 段的缺氧段增设曝气管，将其改造为好氧段，同时保留潜水搅拌机，便于好氧与缺氧状态的切换。通过增加隔墙、增开过流孔和封堵部分过流孔的措施，改变廊道水流方向，使原 O 段与原 A-O 段串联形成 AAO。

（2）封堵原进水孔，使所有的进水通过现状外回流渠道进入厌氧段前端，并与外回流污泥混合。

（3）利用原进水分配区，增设潜水搅拌器，将其改造为预缺氧段，内回流混合液泵入此段后再进入缺氧段。这样能够减少内回流混合液中的溶解氧对缺氧段的影响，也能有效利用原有池体容积。

（4）现状内回流泵流量偏小，不能满足脱氮要求，本次改造拟更换内回流泵，并新建一条内回流渠道，将内回流混合液引入缺氧池前端。

（5）由于现状生物池外回流流量计只在一端设有检修阀门，当外回流流量计故障时，需停水检修。本次改造中在外回流井内增加一个阀门，在电磁流量计需要检修时，关闭两端的阀门即可，不需停水检修。

1.3.3.2 深度处理方案

提标改造工程深度处理工艺确定采用微絮凝+过滤的组合工艺。

微絮凝+直接过滤技术是对混凝后的水不经过沉淀池而进行直接过滤的水处理工艺，又简称直接过滤工艺。

微絮凝+直接过滤在深度处理中的作用是：

（1）去除生物过程和化学澄清中未能沉降的颗粒和胶状物质；

（2）增加以下指标的去除效率：悬浮固体、浊度、磷、BOD_5、COD_{Cr}、重金属、细菌、病毒和其他物质；

（3）由于去除了悬浮物和其他干扰物质，因而可提高消毒效率，并降低消毒剂用量。

微絮凝+直接过滤工艺具有结构紧凑、占地面积小、工艺流程简单、能耗低、多功能等优点。

考虑到工程占地紧张，深床纤维滤池具有可靠性更强、抗冲击能力强、过滤速度快的优点。此外，本工程经过减量后，二沉池的表面负荷仅为 $0.66m^3/(m^2 \cdot h)$，通过二沉池末端加药微絮凝反应直接过滤，可满足出水要求。故本工程深度处理工艺采用深床纤维滤池，以进一步去除二沉池出水中的 SS、COD_{Cr}、BOD_5和 TP。

深床纤维滤池（图 1-41 和图 1-42）[7] 采用经特殊处理的纤维束滤料，充分发挥纤维束的特长，在滤池内设纤维密度调节装置，通过纤维密度调节装置来实现纤维过滤时密实、反洗时放松状态。滤池运行时形成的滤料孔隙率沿水流方向由大到小，从而达到深层过滤效果。其滤料通过纤维密度调节装置来实现过滤时处于密实状态，所以纤维束滤料截污容量高及深层过滤效果更适合于微絮凝过滤和直接过滤工艺。

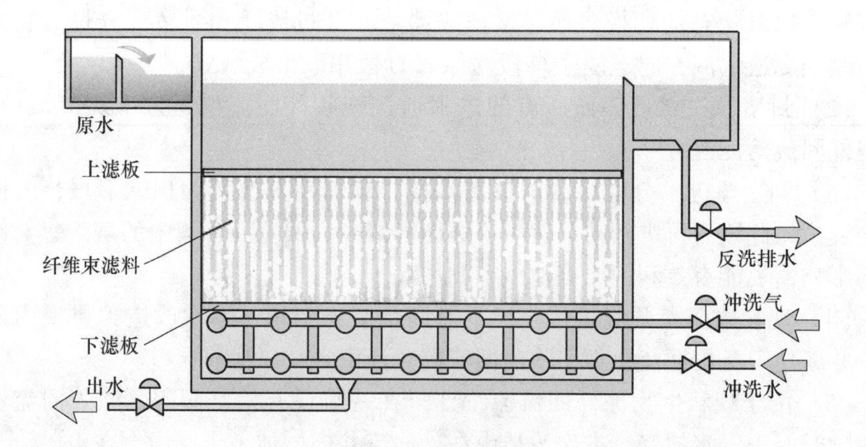

图 1-41 深床纤维滤池结构

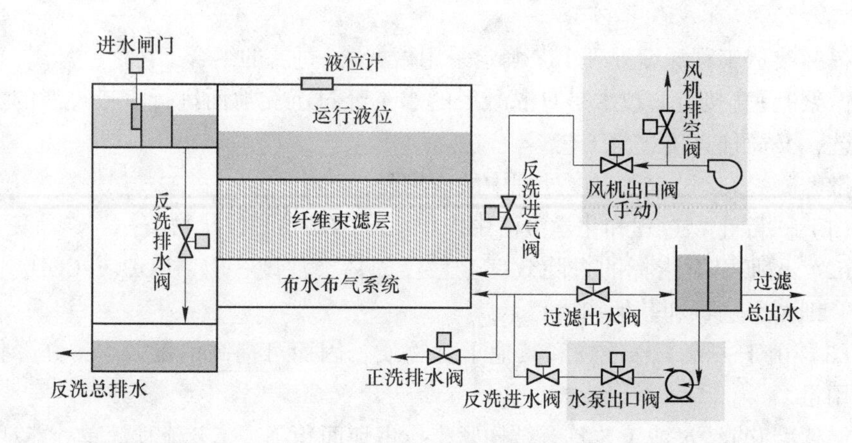

图 1-42 深床纤维滤池系统图

深床纤维滤池具有以下特点：

(1) 过滤效率高，进水 SS 小于 30mg/L 时，出水 SS 可小于 10mg/L；

(2) 容积负荷 NO_3-N 高，为 0.8~2.0kg/(m^3·d)，水力负荷大，为 15~20m/h；

(3) 滤料可改性处理，强化附着的微生物；

(4) 立体微网格结构，生物附着量大，反硝化速率高，TN 去除率在 50%~90%；

(5) 滤料容易清洗，采用水气洗方式，清洗时滤料处于放松状态，清洗彻底，但滤料价格较高；

(6) 占地面积小，制取相同水量，占地仅为传统砂滤池的 1/3~1/2；

(7) 束状滤料固定安装不流失，无需补充，使用寿命长，可达15年以上；

(8) 自耗水量低：仅为周期制水量的1%~3%。

1.3.3.3 化学混凝（除磷）方案

常用的混凝剂有硫酸铝、聚合氯化铝（PAC）等铝盐，以及三氧化铁和硫酸亚铁等铁盐。采用PAC、$FeSO_4$混凝剂对SS、TP、COD_{Cr}的去除率都较高，考虑感官及运营方便，采用PAC。

工程主要处理生活污水，考虑在生化处理系统中或在生化处理后投加混凝剂，所产生的污泥量相对较少。因此，工程的加药点考虑设在二沉池配水井处、二沉池出水渠及絮凝反应池前，混凝剂的投加量、投加时间需根据进水水质等条件随时进行调整。这样，既可保证生化处理的效果不随进水水质波动的影响，又可保证在不影响出水水质的基础上，减少加药量和污泥量。

工程PAC投加量按照进一步去除悬浮物及COD_{Cr}功能控制，PAC投加量为30~50mg/L，该加药量既能够满足化学除磷要求，又能强化污泥沉淀性能，并且不影响污泥的活性。

1.3.3.4 消毒工艺方案

考虑到改造工程占地面积受限，药剂需求量巨大（若完全采用加氯消毒），工程尾水消毒主体工艺采用原厂的紫外线消毒工艺。

为保证出水稳定达标，提标改造采用紫外线消毒工艺作为主体消毒工艺，NaClO消毒作为辅助消毒工艺，形成紫外线—NaClO联合消毒工艺。根据污水深度处理工艺流程要求，将在滤池后新建紫外消毒池，对现状紫外消毒池内的设备进行拆除，池体保留使用，作为过水渠道使用。

1.3.3.5 污泥处理方案

根据提标改造设计的处理设施规模、水质和出水标准，达到一级A时干污泥产量理论值为42.7t/d。

在提标改造中，采用“离心浓缩+离心脱水”污泥处理工艺，利用现有离心浓缩系统，新增离心脱水系统，现有板框深度脱水系统保留备用。考虑到现状螺压机已停用，脱水机房用地紧张，将现状螺压机拆除后新建离心脱水机。

总进泥泵及污泥切割机故障率较高，严重影响正常生产，提标改造工程中更换新设备。现状污泥调蓄池无溢流孔。改造中，新增污泥调蓄池溢流孔。

具体工程内容包括：

(1) 保留利用现有离心浓缩机，现有板框深度脱水系统保留备用；

(2) 新增离心脱水设施；

(3) 新增加药系统；

(4) 新增污泥输送系统，将污泥输送至料仓；

(5) 考虑到目前螺压机已停用且脱水机房用地紧张，设计将现状螺压机拆除后新建浓缩离心脱水一体机。

1.3.3.6 除臭方案

生物滤池除臭工艺具有除臭效果稳定，运行费用低等优点，该工艺目前是污水处理厂中除臭的主流工艺，在我国污水处理厂中有着大量的应用案例，臭气经过生物滤池处理后能够稳定达到二级排放标准。

考虑本工程除臭标准高于二级标准，单靠生物滤池无法确保难分解臭气成分得到有效去除，因此采用高级氧化工艺作为生物滤池后的深度处理工艺，确保将生物滤池处理后的剩余难分解臭气成分有效氧化分解，并在最末端采用除臭液活性吸附，确保尾气达标排放。同时，为了在脱水机房内形成良好的生产操作环境，在污泥脱水机房采用离子氧送风作为生物除臭排风后补风。

除臭工程（图1-43）单元具体包括：粗格栅井及进水泵房、细格栅及旋流沉砂池、生物反应池、老板框脱水机房、污泥料仓、新建板框脱水机房等建（构）筑物，对其产生的臭气源进行加盖（罩）密封、负压抽吸、集中除臭，处理后达到上海市《城镇污水处理厂大气污染物排放标准》（DB 31/982—2016）中确定的污水处理厂大气污染物排放控制的标准。除臭换气通风次数采用4~8次/h。总除臭风量约262300m^3/h。

图1-43 高效除臭设备

1.3.3.7 除臭加盖方案

工程对污水厂中可能产生恶臭味的构筑物进行加盖处理，加盖构筑物主要包括粗格栅及进水泵房、进水切换井、沉砂池、生物池、污泥调节池、污泥脱水机及料仓房等处理构筑物等。

生物反应池单渠宽度最大为9m，采用加轻质玻璃钢加盖能够满足要求，同时考虑减少除臭风量，降低后期运行费用，采用玻璃钢材质制作的盖板。

玻璃钢盖板（图 1-44）是在原有工程案例基础上进行改进，充分考虑运行维护方面的需求。

图 1-44 玻璃钢加盖检修孔设置示意图

不锈钢材质风管较玻璃钢风管在施工时有一定的优势，且较为美观，故本次工程除臭风管同样采用圆形 SS304 不锈钢材质。

1.3.3.8 其他改造方案

在改造中，针对一期工程出现的问题还进行了以下改造工程：

（1）将对二沉池出水堰进行调整，更换为可调式不锈钢出水堰。为减少改造对运行影响，二沉池改造同生物池改造同步分组进行；

（2）考虑增设鼓风机油温水冷系统，在夏季高温时作为辅助散热方式；

（3）新增曝气管路均采用不锈钢管，根据设计规范进行内防腐，减少腐蚀的发生。

1.3.4 污水处理工艺流程

污水处理厂提标改造工程工艺流程如图 1-45[8] 所示。

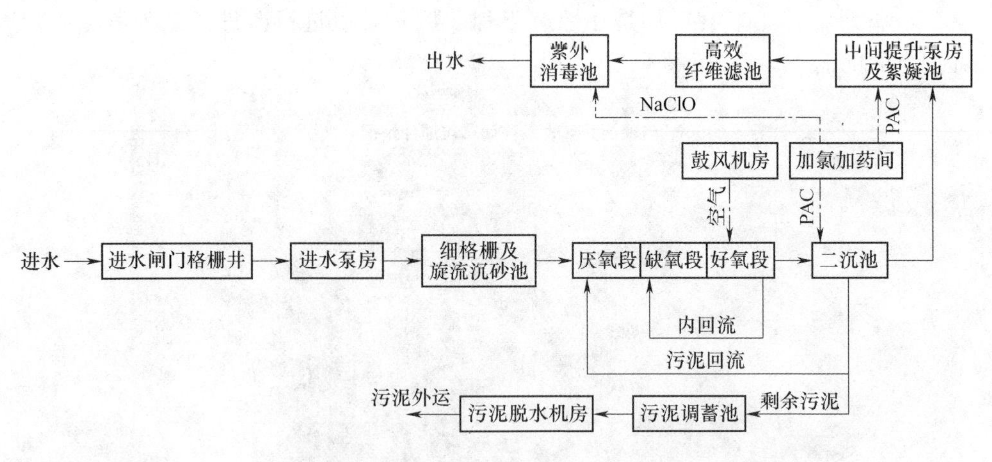

图 1-45　污水处理厂提标改造工艺流程图

1.3.5　总平面布置

本次提标改造工程中主要新增构筑物为污水深度处理设施（中间提升泵房及絮凝池、高效纤维滤池、紫外消毒池和加氯加药间）及配套构（建）筑物。其余均为现有设施改造。新增污水深度处理设施集中布置在现状出水泵房北侧的空地处，其余配套设施如加药间、变配电间等根据现有场地情况分散设置。改造后的污水处理厂总平面图如图 1-46 所示，深度处理区如图 1-47 所示。

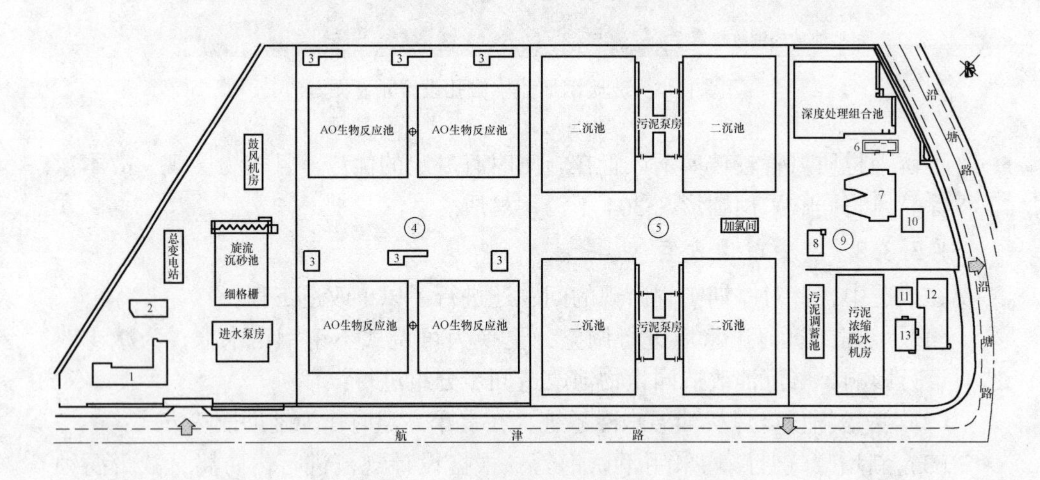

图 1-46　改造后的污水处理厂平面布置图

1—综合楼；2—辅助楼；3—生物反应池除臭装置；4—生物池配水井；5—二沉池配水井；6—雨水泵房；7—出水泵房；8—紫外线消毒池；9—中水池；10—污泥脱水区除臭装置；11—污泥调理池；12—污泥浓缩脱水机房（新板框）；13—污泥浓缩脱水机房（带式）

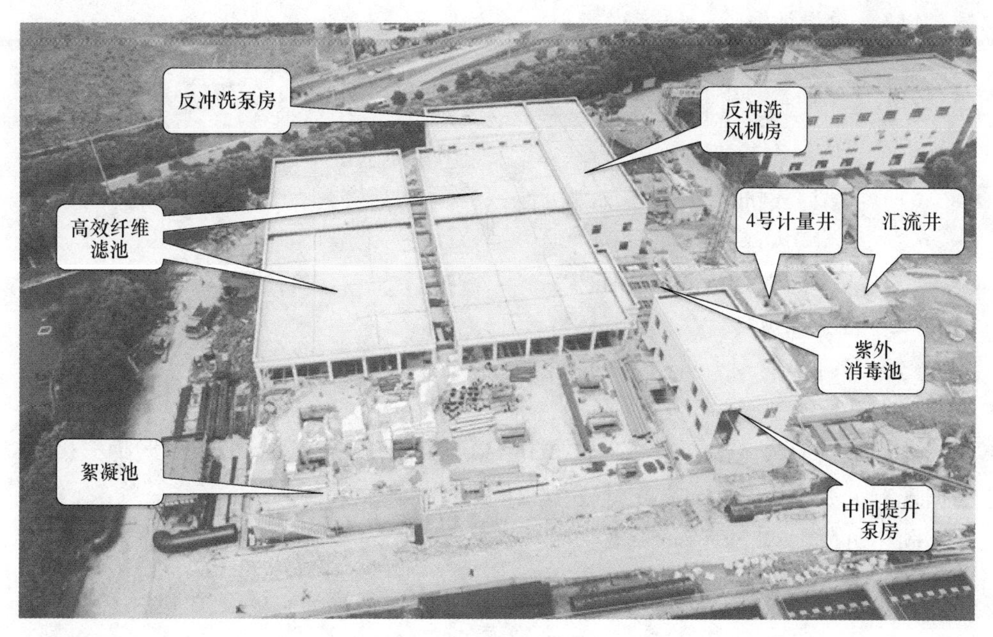

图 1-47 深度处理区

1.3.6 提标改造后设计参数核算

该工程旱天设计日处理规模减至 30 万 m^3，雨季合流污水处理规模不变，为 20.85m^3/s。根据新的设计处理规模和改造方案，相关设计参数核算如下。

1.3.6.1 生物反应池核算

生物反应池核算如下：

（1）日处理规模：$Q=30$ 万 m^3；

（2）设计水温：10℃；

（3）厌氧池池容：$V_{厌氧池}=18800m^3$；

（4）厌氧池停留时间：1.5h；

（5）缺氧池池容：$V_{缺氧池}=33750m^3$；

（6）缺氧池停留时间：2.7h；

（7）好氧池池容：$V_{好氧池}=88750m^3$；

（8）好氧池停留时间：7.1h；

（9）总停留时间：11.3h；

（10）污泥负荷（BOD_5/MLSS）：$F/M=0.10kg/(kg\cdot d)$；

（11）污泥浓度（MLSS）：4.0g/L；

（12）混合液内回流比：100%～200%；

(13) 总设计泥龄：12.5d；

(14) 气水比：5.7∶1。

1.3.6.2 二沉池核算功能

将曝气后混合液进行固液分离，以保证出水水质。

(1) 类型：钢筋混凝土平流二沉池；

(2) 数量：4 座；

(3) 原表面水力负荷：1.1$m^3/(m^2 \cdot h)$；

(4) 日处理规模：Q=30 万 m^3；

(5) 设计表面水力负荷：0.66$m^3/(m^2 \cdot h)$；

(6) 设计水平流速：1.97mm/s。

提高生物池污泥浓度至最大值 4.0g/L 后，二沉池固体通量相应增加。以下根据现有沉淀池构筑物对二沉池固体通量进行核算。

固体负荷：99.3$kg/(m^2 \cdot d)$，即小于 150$kg/(m^2 \cdot d)$，符合设计规范。

1.3.7 改造及新建构筑物

1.3.7.1 细格栅及旋流沉砂池（改造）

处理水量由原设计日处理旱流污水 50 万 m^3 调整为 30 万 m^3，雨天溢流时的水位需相应调整，故需更换溢流堰。同时溢流处的现状闸门已无法使用，需同步更换。主要更换设备如下。

A 溢流堰

类型：不锈钢堰板；

数量：79.8m；

参数：高 480mm，厚 8.0mm，不锈钢材质。

B 手电两用升杆方闸门

类型：铸铁闸门；

数量：3 台；

参数：2000mm×2000mm，P=4.0kW。

1.3.7.2 鼓风机房（改造）

一期工程鼓风机润滑油降温采用风冷方式，在夏季时容易跳车，在改造中考虑增设鼓风机油温水冷系统，在夏季高温时作为辅助散热方式，主要设备是冷却塔。

类型：冷却塔；

数量：1 台；

参数：冷却水量 150m^3/h，风机直径 1780mm，P=5.5kW。

1.3.7.3 A/O生反池（改造）

现状A/O生反池处理规模由原设计日处理旱流污水50万m^3调整为30万m^3，现状处理工艺为闭式双泥龄工艺，改造方案将其调整为强化脱氮除磷的AAO工艺，主要对生反池内的布局进行调整，并增加高速搅拌器、内回流泵、曝气设备等设备。主要新增设备如下。

A A/A/O池充氧设备

类型：新增管式曝气系统；

数量：合计3420m；

参数：$\phi120$，$Q=15m^3/(m \cdot h)$。

B 内回流泵

类型：潜水穿墙泵；

数量：单池2台，16用2库备，用于混合液回流，设变频；

参数：$Q=477L/s$，$H=0.9m$，$P=10kW$。

C 潜水搅拌器1

类型：高速搅拌器；

数量：单池7台，共56台；

参数：额定轴功率$P=7.5kW$，最大输入功率9.6kW。

D 潜水搅拌器2

类型：高速搅拌器；

数量：单池1台，共8台；

参数：额定轴功率$P=5.5kW$，最大输入功率7.6kW。

E 潜水搅拌器3

类型：高速搅拌器；

数量：单池1台，共8台；

参数：额定轴功率$P=2.5kW$，最大输入功率3.3kW。

F 拍门

类型：不锈钢浮箱拍门；

数量：单池2台，共16台；

参数：DN800。

G 电动矩形闸门

类型：铸铁闸门；

数量：单池1台，共8台；

参数：800mm×800mm。

H 污泥流量计检修闸阀（含阀门井）

类型：闸阀；

数量：单池 1 台，共 8 台；

参数：DN800。

I 潜水推流器

类型：低速推流器；

数量：单池 4 台，共 32 台；

参数：额定轴功率 $P=3.1$kW，叶轮直径 ϕ1800mm。

1.3.7.4 二沉池（改造）

现状二沉池处理规模由原设计日处理旱流污水 50 万 m^3 调整为 30 万 m^3。现状出水槽为碳钢材质，锈蚀严重，需要更换，出水三角堰为玻璃钢材质且不可调，造成多处变形、破损、出水不均匀等现象。在改造中将对二沉池出水堰进行调整，更换为可调式不锈钢出水堰。主要设备如下。

A 出水槽

数量：320 个；

参数：断面 400mm×450mm，长 $L=16.4$m，厚 $\delta=4.0$mm，不锈钢材质。

B 出水可调三角堰板

数量：640 只；

参数：高 $H=300$，长 $L=16.4$m，厚 $\delta=2.5$mm，不锈钢材质。

1.3.7.5 新建中间提升泵房及絮凝池（深度处理组合池）

将二沉池的出水进行提升，进入深度处理设施，在絮凝池投加 PAC，进行化学除磷反应，絮凝池的出水进入后续滤池过滤。中间提升泵房如图 1-48 和图 1-49 所示，絮凝池如图 1-50 所示，立式搅拌机如图 1-51 所示。

池数：1 座。

主要设备如下。

A 提升泵

类型：潜水轴流泵；

数量：4 台，3 用 1 备，用于二沉池出水提升；

参数：$Q=1.97m^3/s$，$H=4.3$m，$P=140$kW。

B 搅拌机

类型：立式搅拌机；

数量：12 台；

参数：$P=2.3$kW，絮凝搅拌尺寸 8.0m×8.0m×5.5m，可调速。

图 1-48 中间提升泵房（外观）

图 1-49 中间提升泵房（内部）

C 电动葫芦

类型：电动葫芦；

数量：1 台；

参数：$G=5\text{t}$，$P=7.5+0.80\text{kW}$。

D 拍门

类型：不锈钢浮箱拍门；

数量：4 台；

参数：DN1000。

图 1-50　絮凝池

图 1-51　立式搅拌机

1.3.7.6　新建高效纤维滤池（深度处理组合池）

将二级处理后的出水进行深度处理，进一步去除其中的 SS、TP 等，并伴随去除部分 COD、BOD 等有机物质。深床纤维滤池如图 1-52～图 1-55 所示，反冲洗风机间如图 1-56 所示，反冲洗泵房如图 1-57 所示，主要设备如下。

A　纤维滤料成套设备

数量：22 套；

参数：单格面积 60m^2，滤料高度 2m。

B 卧式单级离心泵

数量：4 台，2 用 2 备；

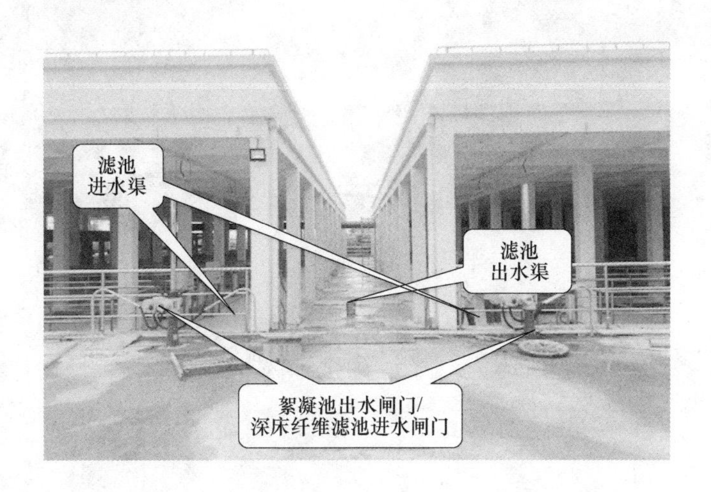

图 1-52 深床纤维滤池（进、出水渠、闸）

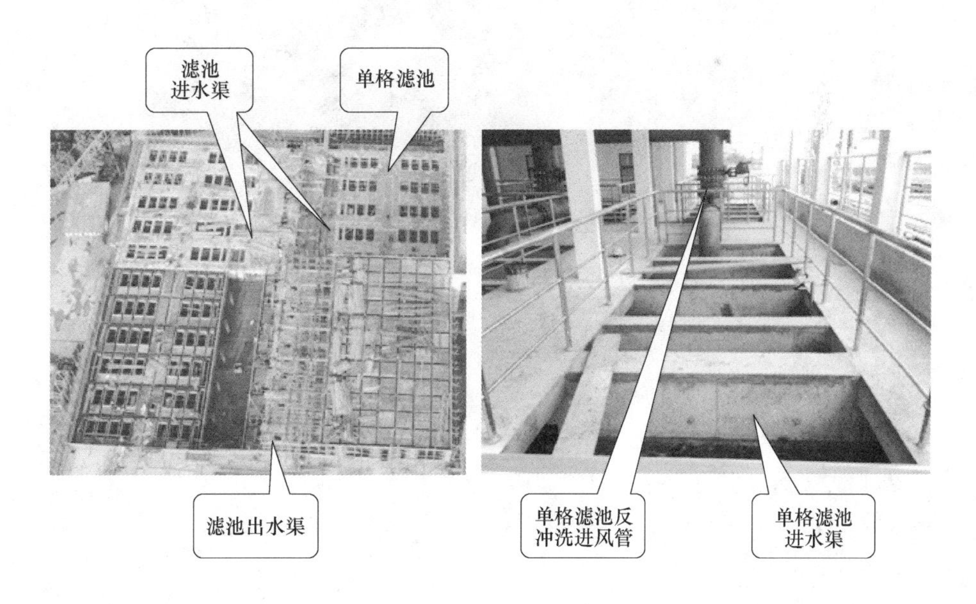

图 1-53 深床纤维滤池（上部结构）

图 1-54 深床纤维滤池（下部结构）

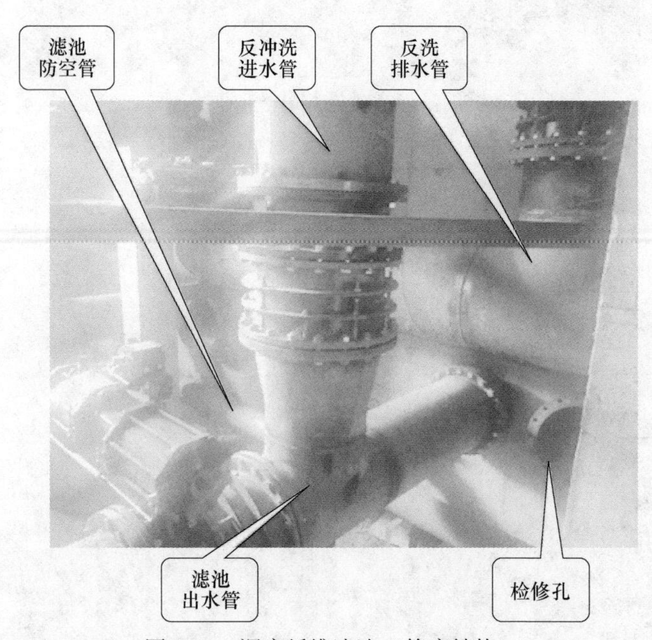

图 1-55 深床纤维滤池（管廊结构）

参数：$Q=1728\text{m}^3/\text{h}$，$H=12\text{m}$，$P=90\text{kW}$，变频控制。

C 空压机及储气罐

数量：2 台，1 用 1 备；

参数：$Q=1.0\text{m}^3/\text{min}$，$p=0.8\text{MPa}$，$P=7.5\text{kW}$，含过滤器、干燥器、截止阀、减压阀和储气罐等。

D 潜水离心泵（废水池）

数量：3 台，2 用 1 备；

图 1-56　反冲洗风机间

图 1-57　反冲洗泵房

参数：$Q=600\text{m}^3/\text{h}$，$H=15\text{m}$，$P=37\text{kW}$，变频控制。

E　三叶罗茨风机

数量：6 台，4 用 2 备；

参数：$Q=108\text{m}^3/\text{min}$，$p=0.06\text{MPa}$，$P=160\text{kW}$，配套进出口消音器、弹性接头、止回阀、压力表、隔音罩等。

F　电动单梁悬挂起重机

数量：1 台；

参数：$T=3\text{t}$，$L_k=5.5\text{m}$，$H=8.0\text{m}$，$P=3+2\times0.8\text{kW}$，配套工字钢轨 $L=$

2×21.6m。

1.3.7.7　新建紫外消毒池（深度处理组合池）

废除一期工程的紫外线消毒池，作为过流渠道，在深度处理工艺末端新建紫外线消毒池，杀灭出水中的大肠杆菌及致病病菌和病毒，使出水水质达标排放。紫外线消毒池如图 1-58～图 1-60 所示。

图 1-58　紫外线消毒池

图 1-59　紫外线消毒支架

数量：1 座；

净尺寸：$L\times B\times H$=17.2m×14.1m×4.8m。

主要设备如下。

图 1-60　紫外线消毒灯管

A　紫外消毒装置

数量：4 套；

参数：4 套总功率 $P=192$kW。

B　电动铸铁闸门

数量：5 台；

参数：1800mm×1000mm，$P=2.2$kW。

C　电动铸铁闸门

数量：2 台；

参数：DN1600，$P=1.5$kW。

1.3.7.8　新建加氯加药间

新建加氯加药间用以制备和储存混凝剂、絮凝剂和次氯酸钠，混凝剂、絮凝剂向絮凝池前端进行输送和投加，同时可投加至 AAO 生物反应池的好氧段末端，用于化学协同除磷；次氯酸钠投加于紫外线消毒池末端，辅助消毒效果。加氯加药间如图 1-61 和图 1-62 所示。

数量：1 座；

净尺寸：$L\times B\times H=26.7\text{m}\times 9.0\text{m}\times 6.6\text{m}$。

主要设备如下。

A　次氯酸钠卸料装置

数量：1 台；

参数：$Q=20\text{m}^3/\text{h}$，$H=7$m，$P=1.5$kW。

B　PAC 储罐

数量：2 个；

参数：$V=10.0\text{m}^3$，$\phi 2.26\text{m}\times 2.54\text{m}$，$H=3.15\text{m}$。

C 次氯酸钠储罐

数量：4 个；

参数：$V=15\text{m}^3$，$\phi 2.56\text{m}\times 2.95\text{m}$，$H=3.62\text{m}$。

图 1-61 加氯加药间（外观）

图 1-62 加氯加药间（内部）

D 恒压供水装置

数量：1台；

参数：$Q=940\text{L/h}$，$H=35\text{m}$，$P=0.75\text{kW}$。

E PAC加药装置

数量：1套；

参数：$Q=940\text{L/h}$，$H=35\text{m}$，$P=0.75\text{kW}$。

F 次氯酸钠投加装置

数量：1套；

参数：$Q=420\text{L/h}$，$H=30\text{m}$，$P=0.50\text{kW}$。

1.3.7.9 新建液铝池

用以存储液体PAC，满足生产运行需要。

数量：1座分2格。

单格净尺寸：$L\times B\times H=5.0\text{m}\times5.0\text{m}\times2.0\text{m}$（有效水深），有效容积共计$100\text{m}^3$（储存7天）。

主要设备是耐腐蚀液下离心泵，数量：2台；参数：$Q=10\text{m}^3/\text{h}$，$H=16\text{m}$，$P=2.0\text{kW}$。

1.3.7.10 新建计量井

对出水进行计量。主要设备如下。

A 电磁流量计

数量：2；

参数：DN1600，$L=1600\text{mm}$。

B 双法限位伸缩接头

数量：2只；

参数：DN1600，$L=590\text{mm}$。

C 闸阀

数量：4；

参数：DN1600。

1.3.7.11 新建汇流井

将新建“升级补量”工程分流的日出水20万m^3与该工程日出水30万m^3汇流后，进入现状排放泵房进行排放。主要设备为电动铸铁闸门。

数量：2；

参数：DN1600，$P=1.5$kW。

1.3.7.12 污泥脱水机房（改造）

在提标改造中，现状板框深度脱水系统（设计出泥含水率为60%）予以保留备用，作为污水处理厂污泥的备用出路。同时，新建一套设计出泥含水率为80%的离心脱水处理系统，经该系统处理后的污泥（含水率为80%）最终运往竹园污泥处理工程进行干化焚烧处理。考虑到现状螺压机已停用，脱水机房用地紧张，设计将现状螺压机拆除后新建离心脱水机。

需要为离心脱水机新增230m^2的钢筋混凝土平台。新增的主要设备如下。

A 离心脱水机

数量：4套（3用1备）；

参数：处理量30m^3/h，装机功率55kW，出泥含固率不小于20%。

B 污泥进料泵（离心脱水机进泥泵）

数量：4台；

参数：处理量不小于30m^3/h，电机功率11kW。

C 絮凝剂制备系统及稀释装置

数量：1套；

参数：制备能力6000L/h（0.5%），功率6.0kW。

D 加药泵

数量：4台（3用1备）；

参数：$Q=1500$L/h，工作压力0.2MPa，功率1.5kW。

E 清洗水泵

数量：4台（3用1备）；

参数：$Q=10\sim20m^3/h$，工作压力0.3MPa，功率4.0kW。

F 脱水污泥输送泵

数量：4台（3用1备）；

参数：$Q=4\sim6m^3/h$，工作压力4.5MPa，设计压力8.0MPa，$P=16$kW。

G 输送泵液压动力包

数量：2台；

参数：$P=75$kW。

H 总进泥螺杆泵（现状更换）

数量：4台；

参数：$Q=100m^3/h$，$P=18.5kW$，$p=0.3MPa$，变频。

I 污泥切割机（现状更换）

数量：4台；

参数：处理量不小于$100m^3/h$，电机功率5.5kW。

1.3.7.13 除臭设施（新建）

新建除臭设施包括预处理区、生物反应池及脱水机房的新增除臭设备和脱水机房的新增离子送风设备。

A 预处理区（进水格栅闸门井、进水泵房及旋流沉砂池）

1号生物除臭+物化系统

数量：1套；

参数：$Q=26000m^3/h$，$P=75kW$。

B 污泥脱水机房（老板框脱水机房、带式脱水机房）

a 2号生物除臭+物化系统

数量：1套；

参数：$Q=32000m^3/h$，$P=84kW$。

b 3号生物除臭+物化系统

数量：1套；

参数：$Q=26100m^3/h$，$P=60kW$。

c 离子氧送风系统（老板框脱水机房）

数量：5套，单套含21台离子发生器和1台送风风机；

单套参数：离子发生器（原装进口），共1.05kW，送风风机风量$42000m^3/h$，$P=22kW$。

d 离子氧送风系统（新板框脱水机房）

数量：2套，单套含20台离子发生器和1台送风风机；

单套参数：离子发生器（原装进口），共1.0kW，送风风机风量$40000m^3/h$，$P=18.5kW$。

C 生物反应池

4号~9号生物除臭+物化系统

数量：6套；

参数：$Q=29700m^3/h$，$P=65kW$。

1.3.8 污水处理厂运行情况

污水处理厂2020年的污水、污泥处理情况见表1-1。

表 1-1 污水处理厂 2020 年污水、污泥处理情况表

月份	流量/m^3		电量/kW·h	单耗/kW·h·m^{-3}	BOD_5/mg·L^{-1}		SS/mg·L^{-1}		COD_{Cr}/mg·L^{-1}		NH_3-N/mg·L^{-1}		TP/mg·L^{-1}		TN/mg·L^{-1}		干污泥量/吨·月$^{-1}$	板框脱水污泥含水率/%	离心脱水污泥含水率/%
	总数	日平均			进	出	进	出	进	出	进	出	进	出	进	出			
1	35695298	1151461	9118515	0. 2555	147. 0	1. 5	120. 1	7. 7	232. 3	20. 9	23. 8	0. 3	3. 10	0. 07	32. 4	7. 2	4492. 4599	53. 07	79. 5
2	35359959	1140644	8192408	0. 2317	118. 5	1. 5	102. 3	7. 5	184. 3	19. 3	22. 0	0. 4	2. 97	0. 11	32. 6	7. 9	4732. 021214	49. 40	79. 4
3	31222107	1076624	7809095	0. 2501	152. 1	1. 4	124. 2	7. 6	234. 7	19. 0	23. 1	0. 3	3. 72	0. 15	31. 7	8. 4	3439. 123	50. 24	79. 6
4	36163796	1166574	9769000	0. 2701	137. 3	1. 1	145. 7	8. 1	275. 4	16. 6	22. 9	0. 2	4. 18	0. 05	32. 2	7. 8	3872. 5396	46. 21	79. 1
5	33412968	1113766	9196355	0. 2752	167. 0	1. 2	179. 0	7. 4	291. 8	18. 0	26. 9	0. 3	5. 05	0. 07	32. 7	8. 0	4608. 3272	51. 02	78. 8
6	37415015	1206936	9899360	0. 2646	167. 5	0. 9	148. 5	7. 7	261. 7	19. 5	22. 9	0. 2	4. 77	0. 06	30. 0	7. 2	4713. 6414	54. 11	79. 6
7	39125445	1304182	9752960	0. 2493	130. 8	0. 8	103. 3	8. 0	207. 2	19. 6	16. 4	0. 1	3. 53	0. 05	20. 7	6. 5	3872. 9948	56. 50	78. 6
8	39059266	1259976	9690730	0. 2481	185. 5	0. 9	151. 1	7. 4	283. 1	18. 0	22. 6	0. 2	4. 41	0. 05	27. 7	7. 7	3857. 9605	51. 16	78. 7
9	41478484	1338016	9510970	0. 2293	130. 0	1. 0	107. 4	7. 7	219. 8	21. 8	19. 5	0. 2	4. 04	0. 07	23. 5	7. 0	3814. 04004	53. 72	79. 2
10	38475390	1282513	8688470	0. 2258	127. 0	1. 0	134. 1	8. 1	212. 3	20. 3	19. 8	0. 2	3. 32	0. 06	27. 4	7. 2	3528. 45984	54. 31	79. 2
11	38831908	1252642	9137682	0. 2353	158. 5	0. 8	158. 9	8. 2	271. 4	16. 7	21. 6	0. 2	3. 88	0. 05	31. 8	6. 9	4117. 625361	51. 74	79. 1
12	36541468	1218049	8734450	0. 2390	175. 9	0. 8	195. 8	8. 3	297. 9	16. 8	20. 3	0. 2	4. 24	0. 05	33. 4	7. 0	4524. 69494	50. 9	78. 9
均值	36898425	1213099	9118515	0. 2555	149. 6	1. 1	138. 8	7. 8	247. 3	18. 9	21. 7	0. 2	3. 9	0. 10	29. 5	7. 4	49573. 8878	51. 9	79. 1

参考文献

[1] 唐群，丁蓟羽，励建全，等．竹园第二污水处理厂氨氮运行数据分析探讨［J］．给水排水，2009，35（7）：46~48.

[2] 戴维良，程晓波，林哲，等．上海市竹园第二污水处理厂的启动及污泥培养驯化［J］．中国给水排水，2009，25（4）：92~95.

[3] 戴维良．上海市竹园第二污水处理厂污泥脱水性能的研究［J］．中国给水排水，2009，25（11）：62~64.

[4] 白海龙，马小杰，章彧．上海竹园第二污水处理厂除臭工程设计［J］．中国市政工程，2009，12（6）：38~40.

[5] 白海梅，李明杰．上海市竹园第一、第二污水处理厂提标改造工程案例［J］．净水技术，2019，38（6）：41~45，50.

[6] 白海梅．上海市竹园第一、第二污水处理厂提标改造工程调试［J］．净水技术，2019，38（s1）：135~138.

[7] 上海市政工程设计研究总院（集团）有限公司．竹园第一、第二污水处理厂提标改造（二厂改造）工程初步设计说明书（项目编号：SH2015419C）．2017.

[8] 唐群，丁蓟羽，励建全，等．竹园第二污水处理厂氨氮运行数据分析探讨［J］．给水排水，2017，43（11）：47~50.

2 生活垃圾填埋场实习

实习目的

（1）了解渗滤液的水质特征，渗滤液处理厂的日常管理与二次污染防护。
（2）了解生活垃圾卫生填埋厂的日常管理与二次污染防护。
（3）了解渗滤液导排的重要性及处理难点。
（4）了解生活垃圾卫生填埋的工艺流程与操作运行规范。
（5）掌握渗滤液的主流处理工艺。
（6）掌握填埋气体的收集与处理方法及臭气的处理。

实习重点

针对实际场地污染防治中存在的问题，提出二次污染治理和日常管理的改进措施。

实习准备

实习前应充分回顾所学的相关专业知识，并查阅以下资料。
（1）填埋场选址原则。
（2）填埋场产污环节。
（3）填埋场渗滤液水质特征、处理技术与工艺。
（4）填埋气体特性、处理技术与工艺。

现场实习要求

（1）以图片和文字的形式进行记录。

（2）记录填埋场的操作运行过程和规程，现场的操作人员，操作器械的类型和数量，以及运行操作管理规范。

（3）记录当前的垃圾日处理量，填埋场设计库容、运行历史、剩余库容，以及各环节详细的设计和运行参数。

（4）记录填埋气的产生量，填埋气组分和含量，处理工艺流程，以及各处理环节详细的设计和运行参数。

（5）记录渗滤液的产生量、进出水水质、处理工艺流程、各处理环节详细的设计和运行参数。

（6）收集填埋场的运行管理资料，包括机构人员配置、岗位与职能、日常环保管理等。

扩展阅读与参考资料

（1）《生活垃圾卫生填埋处理技术规范》（GB 50869—2013）。

（2）《生活垃圾填埋场污染控制标准》（GB 16889—2008）。

（3）《生活垃圾卫生填埋场防渗系统工程技术规范》（CJJ 113—2007）。

（4）《生活垃圾填埋场渗滤液处理工程技术规范（试行）》（HJ 564—2010）。

（5）《生活垃圾填埋场填埋气体收集处理及利用工程技术规范》（CJJ 133—2009）。

（6）《生活垃圾卫生填埋场封场技术规范》（GB 51220—2017）。

（7）《生活垃圾卫生填埋场运行维护技术规程》（CJJ 93—2011）。

（8）《老生活垃圾填埋场生态修复技术标准》（征求意见稿）。

（9）《生活垃圾渗沥液处理技术标准（征求意见稿）》。

2.1 生活垃圾填埋场简介

上海某垃圾填埋场是亚洲最大的生活垃圾填埋场，位于上海市中心东南约60km老港镇的东海之滨，南靠临港新城，北接浦东国际机场。其地理位置图如图2-1所示。

垃圾填埋场始建于1985年，共有五期工程，其平面布置图如图2-2所示。

一期工程日处理生活垃圾3000吨，占地4600亩，其中填埋区面积2400亩，总投资10494万元。1989年10月投入试运转，1991年4月通过竣工验收。二期工程1992年开始，日处置能力6000吨，配置了适合现有填埋场条件的推土机，设计并实施了污水处理系统。总投资5676万元，新增填埋区面积1500亩。三期工程总投资1.6亿元，2000年竣工。日处置生活垃圾9000吨。新增填埋区面积1145亩。一至三期填埋场设计标准低，未设置底部防渗层。一至三期填埋场于2007年完成填埋后退役，2008年12月陆续启动封场及生态修复，2012年验收竣工。

合资四期填埋场工程于2004年3月开工，2005年2月试运行，日处置生活垃圾4900t/d，工程总投资97338.9万元。2004年动工，新增填埋区面积500亩，实际使用年限约18年。四期工程以卫生填埋场技术标准作为建设和运行的技术要求，主要内容有：（1）填埋作业区四周建垂直防渗墙和HDPE膜衬垫的人工防渗系统、雨污水分流系统、渗滤液处理系统；（2）垃圾运输逐步过渡到集装

图 2-1 垃圾填埋场地理位置

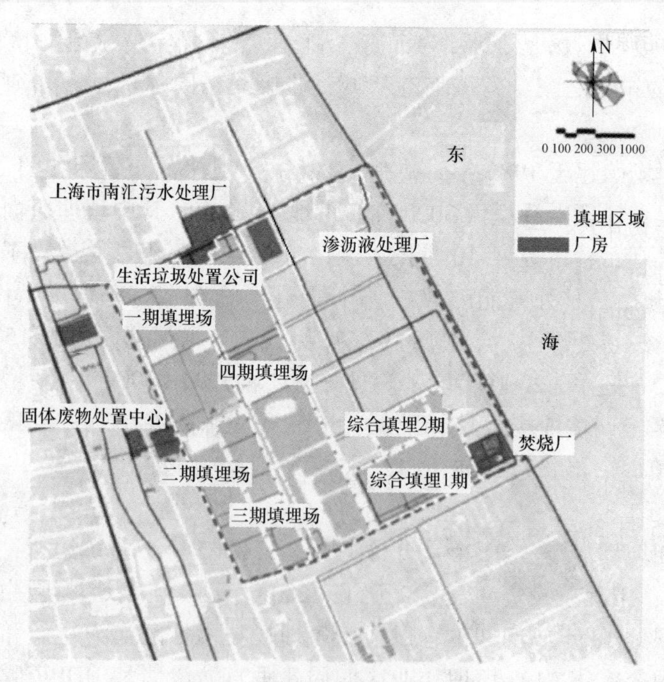

图 2-2 垃圾填埋场平面布置图

箱化方式；（3）填埋作业采取分层压实、日覆盖、中间覆盖和堆坡填埋后的终场覆盖工艺；（4）工程初期对填埋气体实施安全导排，后期考虑收集后用于渗滤液蒸发系统。

五期工程即综合填埋场，用地面积约 5.45km^2。综合一期填埋场 2011 年 11 月开工建设，2013 年 1 月投入运营，总库容量 2175 万立方米，堆体顶部标高最大为 46 米。综合二期填埋场于 2017 年 9 月开工建设，2019 年 6 月投入运营。综合一、二期填埋场严格按照《生活垃圾卫生填埋处理技术规范》（GB 50869—2013）和《生活垃圾填埋污染控制标准》（GB 16889—2008）要求进行设计、施工和运行管理。综合填埋场采用分类填埋工艺，填埋库区分为生活垃圾、飞灰和污泥三个填埋区域，设计使用年限分别为 13 年、9 年、16 年[1]。填埋库区总容积 1.648×10^7m^3，最大处理规模 5000t/d，平均 3795t/d，其中生活垃圾 2664t/d、飞灰 231t/d、污泥 864t/d。

2.2 相邻相关垃圾处置工程

相邻相关垃圾处置工程包括生物能源再利用中心、垃圾焚烧厂和填埋气发电工程。

2.2.1 生物能源再利用中心

生物能源再利用中心于 2018 年 9 月开工建设，2019 年 10 月投入运营，总处理量 1000t/d，其中餐饮垃圾 400 t/d，厨余垃圾 600t/d。餐饮垃圾处理主体工艺为机械预处理和湿式厌氧，厨余垃圾处理主体工艺为机械筛分和干式厌氧。餐饮垃圾和厨余垃圾中的水分，在进料、运输和处置过程中，通过沥水池收集，外排至渗沥液处理厂二期调节池。沼渣干化后送至能源中心与生活垃圾协同焚烧，在解决湿垃圾污染的同时，实现资源循环利用。生物能源再利用中心全景如图 2-3 所示。

2.2.2 生活垃圾焚烧厂

焚烧厂一期工程日焚烧垃圾 3000 吨，于 2010 年 8 月 30 日一期工程开工建设，2013 年 5 月 30 日试运行，2014 年 5 月 30 日正式运行。焚烧炉采用往复炉排，配置 4×750t/d 焚烧线，设两台 30MW 凝汽式汽轮发电机组，为“四炉两机”模式。

二期工程建设规模为日处理生活垃圾 6000 吨，8 台日处理量 750 吨机械炉排炉，发电装机容量 150MW，总投资 36 亿元。2016 年 12 月 30 日正式开工，2019 年 6 月 28 日建成启用。二期工程全景如图 2-4 所示。

图 2-3　生物能源再利用中心全景图

图 2-4　生活垃圾焚烧二期工程全景图

焚烧厂飞灰采用固化与稳定化方式预处理，稳定化后的飞灰，通过检测合格送至综合填埋场飞灰填埋区域填埋。渗沥液外排至渗沥液厂统一处理（厌氧/好氧生物组合工艺)。

2.2.3 填埋气发电工程

垃圾填埋气发电工程（图 2-5）项目建设总规模为 15MW，发电所用燃料 100%来自填埋场垃圾填埋产生的填埋气。垃圾填埋气体发电项目于 2012 年 10 月 10 日正式并网运行。

图 2-5 垃圾填埋气发电工程

生活垃圾填埋场设置填埋气收集系统，填埋气经负压收集后，送至一套 $10000m^3/h$ 的湿法脱硫装置，将填埋气中 H_2S 的体积分数从 1000×10^{-6}降至 150×10^{-6}，脱硫后的填埋气一路送至两套 $5100m^3/h$ 的填埋气预处理设备，填埋气经过冷凝除湿、增压、冷却过滤等工艺处理后，由管道输送至燃气内燃机燃烧，推动发电机发电；另一路进一步经干法脱硫装置，将填埋气中 H_2S 的体积分数从 150×10^{-6}降至 40×10^{-6}，送至现状锅炉房[2]。

发电厂已有 2 台 1250kW DUETZ 燃气内燃机发电机组（1 号、2 号）、2 台 1356kW DUETZ 燃气内燃机发电机组（3 号、4 号）、7 台 1409kW 奥地利颜巴赫燃气内燃发电机组（5 号~11 号）。发电机组缸套水进/出口温度：80/92℃，其中 1 号、2 号发电机组可利用热水热量 860kW/台，3 号、4 号发电机组可利用热水热量 828kW/台，5 号~11 号发电机组可利用热水热量 756kW/台。电厂 11 台内燃机+发电机持续运行，年发电量约 1 亿度，除了满足自用电力以外，75%以上的电量上网销售。

2.3 综合填埋场废物填埋

综合填埋场由东向西分别为飞灰填埋区、生活垃圾填埋区、污泥填埋区，每个填埋区由南向北分为 4 个填埋单元，处理对象主要包括生活垃圾、装修垃圾、水面保洁垃圾、再生能源利用中心（焚烧厂）稳定化处理后的飞灰、预处理过的污泥等[3]。

2.3.1 生活垃圾填埋

2.3.1.1 填埋工艺概述

综合填埋场生活垃圾填埋工艺流程（图 2-6）直接借鉴一至四期填埋场的相关经验，采用分区填埋（图 2-7）。

图 2-6 生活垃圾填埋作业流程现场照片

生活垃圾的填埋管理比较完善，垃圾的卸料、摊铺、碾压、日覆盖、造坡、封场等均基本依照设计进行，填埋作业现场操作人员严格按照标准填埋作业。作业面积控制良好，对周边环境影响较小。日覆盖、中间覆盖作业及时，HDPE 膜接口处焊接细密，无翻边、卷翘。现场操作人员防护措施配备齐全，作业熟练。

生活垃圾填埋区的恶臭控制主要是通过在库区周边沿道路每隔 3~5m 设置除臭液喷洒喷头，定时喷洒除臭液，同时配置了风炮等除臭剂喷洒措施。

作业过程漂浮物控制实际情况是对于飞尘及漂浮物的控制，生活垃圾填埋库区采取了设计中的填埋作业面及时覆盖，以及设置 3m 高的拦网等措施，拦网能

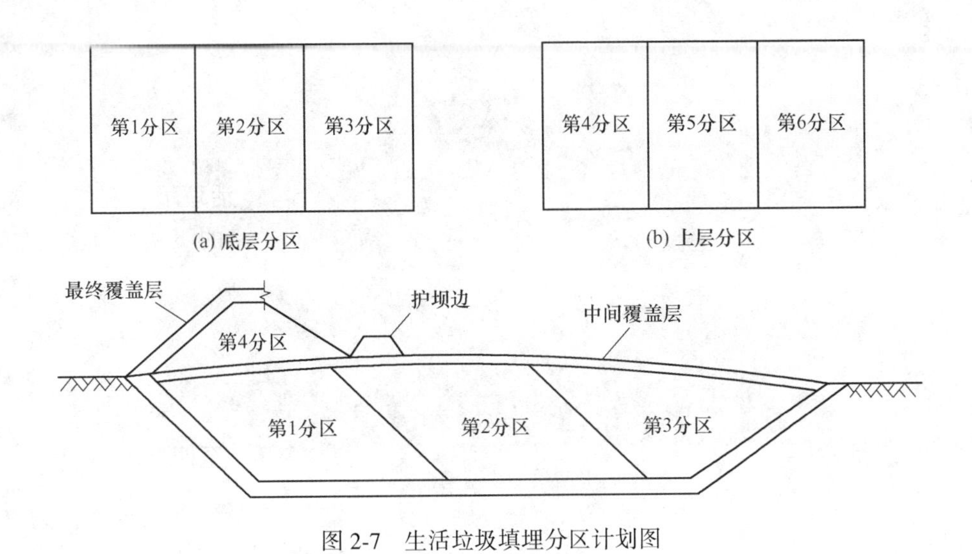

图 2-7　生活垃圾填埋分区计划图

有效对正在作业区域的周边起到漂浮物防护的作用。

2.3.1.2　填埋作业保障辅助设施

针对填埋场临时道路安全隐患，优化了安全跨明沟钢板路基箱和安全轻便卸料平台，保障了作业道路安全；研发了缩小作业面的围堰设施，总结应用了基于渗沥液减量的地膜铺设技术，雨污分流效果显著；初步研制了日覆盖机械铺膜装置，减少了人工劳动强度。从安全、污染控制、作业工序 3 个方面保障了填埋场作业[4]。

A　安全辅助设施

a　钢板路基箱连接技术

在钢板路基箱两侧配以挂链扣锁，采用软性链条连接钢板，使用铁链将相邻的 2 块钢板进行简单的连接，使多块钢板形成一个整体，降低单块钢板因受力不均而导致的沉降和移位。2 块钢板之间最大分叉距离为 10cm，在一定范围内适当给予波动空间，以解决钢板路基箱漂移、分离状况。在主干道（特别在上坡）和卸料平台处，使用连接技术后，保障了行车安全，同时解决了路基箱漂移、移位、参差不齐等问题，降低了挖机来回整修的次数。坡道连接好的钢板路如图 2-8所示。

b　跨明沟钢板的应用与优化

将跨明沟路基箱尺寸由 7.44m×6.00m×0.92m 改进为 10m×8m×2m，并将尖角的部分进行打磨，有效地增加了车辆通行时车身两侧剩余的安全距离，提高了作业安全系数，减小了车辆向两侧发生倾翻事故的可能，同时避免了车辆轮胎被路基箱尖角损坏的事故发生，跨明沟钢板如图 2-9 所示。

图 2-8　坡道钢板路

图 2-9　跨明沟钢板

c　安全轻便卸料平台设计

将简易倒车平台宽度由 1.5m 增加至 2.4m，增加车辆对平台的覆盖面，提高车辆通行时平台的稳定性。路基箱棱角去除后，卸料时稳定性有明显提高，两侧采用镂空设计便于清扫，质量适中，挖机移动方便。改进型卸料平台如图 2-10 所示。

B　污染控制辅助设施

在作业面控制上，原则上按照不大于 $1m^2/t$ 确定每日作业面积，在垃圾量处于相对稳定的情况下，通过围堰与地膜的组合铺设，减少作业面积，做好雨污分流。

a　基于渗沥液减量的地膜铺设

在填埋作业过程中实施雨污分流，将原先生活垃圾填埋后进行日覆盖的操作

图 2-10　改进型卸料平台

调整为在填埋库区内预先进行全膜覆盖，阻止雨水进入库底污水导排系统。以拦水坝为基础，将生活垃圾库区划分为若干个小单元。小单元内满铺 HDPE 膜，铺膜完成后，使用双轨焊接机进行严密焊接，按规定放置压块，收集膜上雨水，导排到地表水排水系统。

b　围堰与地膜组合作业工艺

(1) 缩小作业面的围堰设施研制。改进型围堰质量、高度适中，不易被风吹倒和被污水浮起；底部镂空很容易放平；材料以镀锌管材和塑料为主，比较耐用；拉手移动方便。

(2) 作业时，将计划作业区的地膜削开拉起，并用围堰隔离，非作业区的地膜与围堰搭接，阻隔雨水进入作业区。围堰应与作业堆体坡底保持一定的间距，并随着作业区的推进而移动。地膜、隔离墩断面如图 2-11 所示。

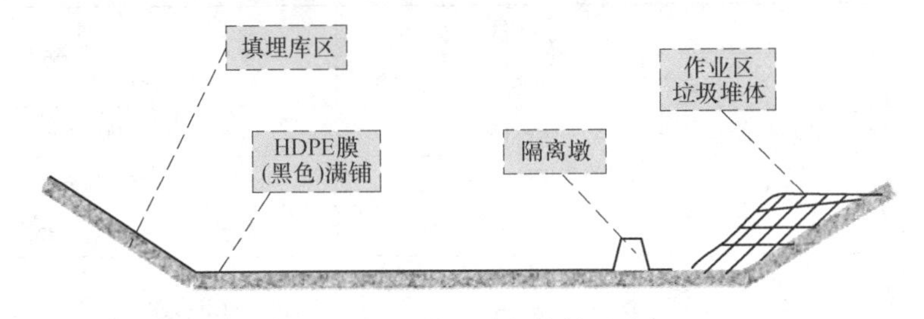

图 2-11　地膜、隔离墩断面示意

C　作业工序辅助设施

研发了一体化快速自动摊膜覆盖的装置，以机械作业的方式代替人工作业。该装置主要由 1 根伸长高度可达 8m 的 20 号冷拔油缸、1 个由 2 台直流 1.5kW 的防爆电动机、防爆控制柜、1 套遥控操纵电器装置组合而成的升降平台底座，以及 1 块专用的 HDPE 膜组合而成。

将专用膜的中心部位固定在油缸的顶部，通过遥控操作使油缸顶起，专用膜聚拢收缩紧靠着油缸。在需要进行摊膜作业时，只需遥控油缸，使其逐渐收缩，专用膜随着油缸的收缩开始下降并展开，由于 HDPE 膜具有一定的硬度，因此在油缸下降的同时会自动往外伸展，此时只需在膜的边缘人工引导膜的伸展方向即可，待油缸完全收缩完成即可完成膜的摊铺工作。当需要收起 HDPE 膜时，只需遥控控制油缸，使油缸向上顶起，专用膜也会随着油缸上升而慢慢收拢并紧贴油缸，此时完成收膜工作，可进行垃圾的填埋作业。全程覆盖和收拢的时间均在 4min 之内。

2.3.2 污泥填埋

污泥填埋工艺流程直接借鉴一至四期填埋场的相关填埋运营经验进行设计填埋[1]，其处置工艺流程如图 2-12[5] 所示。

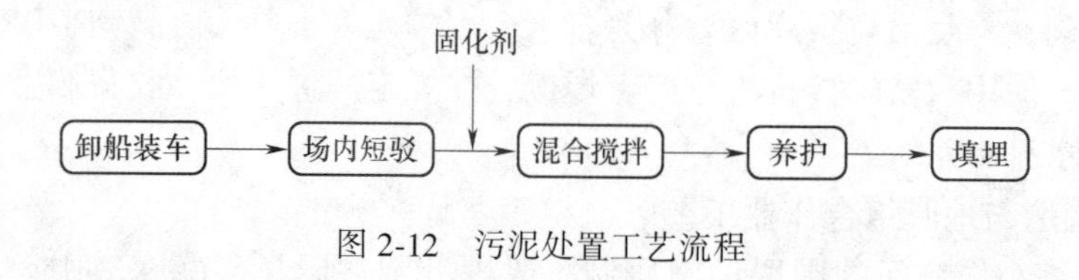

图 2-12 污泥处置工艺流程

2.3.2.1 填埋污泥预处理

《城镇污水处理厂污泥处置 混合填埋用泥质》（GB/T 23485—2009）中规定了污泥进入填埋场的理化性质要求，如表 2-1 所示。

表 2-1 填埋用污泥的泥质要求

内容	项目	条 件
理化指标	含水率	小于 60%
	有机质	小于 500g/kg
土工指标	无侧限抗压强度	大于 $50kN/m^2$
环境指标	臭度	不大于 2 级（六级臭度强度法）

综合填埋场填埋的污泥主要为来自白龙港污水处理厂的含水率约为 60%的污泥，一般条件下难以通过机械方式进行固液分离。现行污泥填埋标准 GB/T 23485—2009 要求污泥进入填埋场的含水率低于 60%，横向剪切强度大于 $25kN/m^2$。因此普遍在添加驱水剂后采用板框压滤或者带式压滤的高压机械脱水方式对污泥进行处理获得脱水干污泥。脱水干污泥基本性质如表 2-2 所示。运输、填埋作业中干污泥具有较强的氨臭味，需要在卸料、填埋过程中采用本源喷洒除臭结合作业面覆盖控制恶臭。

表 2-2 脱水干污泥基本性质

性质指标	数值	性质指标	数值
密度 ρ/g·cm^{-3}	0.94~0.98	抗压强度/kPa	200~300
含水率 w'/%	59~61	抗剪强度/kPa(100kPa 垂直压力)	45~55
挥发性物质 φ/%	39~41	pH 值	11.5±0.5
臭度	3.5~4	TOC/%	20±0.5

2.3.2.2 污泥填埋作业

综合填埋场污泥的填埋作业基本按照设计情况进行，填埋现场如图 2-13 所示。晴天时，污泥填埋各环节包括污泥卸料、抓运、摊铺、碾压、修坡和平整、日覆盖等，均按设计要求按质按量完成，达到设计要求。

图 2-13 污泥填埋作业流程现场照片

2.3.2.3 污泥填埋场作业中的恶臭控制

在污泥填埋作业期间利用风炮和喷雾装置对作业面和场界区域进行除臭剂的定期喷洒，覆盖工作按时完成，污泥暴露面及时得以最小化。

2.3.3 飞灰填埋

垃圾焚烧厂飞灰采用固化与稳定化方式预处理，以螯合剂、磷酸盐为稳定化药剂。稳定化后的飞灰，通过检测合格送至综合填埋场飞灰填埋区域填埋。

飞灰采用超高压压制新技术压制后填埋，压制后的飞灰密度可增加 1 倍左右，在相同的库容条件下可提升 1 倍的库区使用年限。

2.4 填埋场渗滤液处理

填埋场内有4个渗沥液处理厂：3200t联合运营渗沥液厂，1500t渗沥液应急项目，1-3期氧化塘提标技改项目，四期渗沥液厂。所处理的污水由单一的生活垃圾渗沥液扩展到填埋库区渗滤液、焚烧厂渗沥液、污泥渗滤液、湿垃圾渗滤液等，出水水质必须达到《生活垃圾填埋场污染控制标准》（GB 16889—2008）的要求，具体见表2-3。

表2-3 现有和新建生活垃圾填埋场污染物排放质量浓度限值（监控位置为常规排放口）

序号	控制污染物	单位	排放质量浓度限值
1	色度（稀释倍数）	—	40
2	化学需氧量（COD_{Cr}）	mg/L	100
3	生化需氧量（BOD_5）	mg/L	30
4	悬浮物	mg/L	30
5	总氮	mg/L	40
6	氨氮	mg/L	25
7	总磷	mg/L	3
8	粪大肠菌群数	个/升	10000
9	总汞	mg/L	0.001
10	总镉	mg/L	0.01
11	总铬	mg/L	0.1
12	六价铬	mg/L	0.05
13	总砷	mg/L	0.1
14	总铅	mg/L	0.1

2.4.1 渗沥液收集方式

渗沥液来源包括：一、二、三期填埋场，合资四期填埋场，综合一、二期填埋场，一、二期焚烧厂，生物能源再利用中心填埋场，应急湿垃圾及垃圾运输船上的渗滤液[6]。

（1）一至三期填埋场渗滤液收集方式。一至三期填埋场，设计标准低，未设置底部防渗层，导致有抽不尽的渗沥液。在填埋库区中设置32个渗滤液收集井，在收集井中安装提升泵，途经高密度聚乙烯（HDPE）管道将渗滤液送至北氧化塘调节池。

(2) 合资四期填埋场渗滤液收集方式。四期填埋堆体比较高，库区比较大，雨污分流较困难。最高峰填埋量超过设计的220%，大量的渗沥液一部分暂存，另一部分囤积在库区堆体中，随着填埋量的减少。渗沥液的老龄化，渗沥液的各项指标也比较低。渗沥液由库区提升泵直接泵送至调节池，部分渗沥液通过渗沥液管道输送到渗沥液处理厂协同处理。

(3) 综合填埋场渗滤液收集方式。综合一、二期填埋场的渗沥液较为复杂，有垃圾渗沥液、污泥渗沥液、飞灰渗沥液和分拣残渣渗沥液。综合一、二期填埋场中的渗沥液通过生活垃圾库区、污泥库区和飞灰库区内收集井，单独输送到调节池，再由调节池输送到4×500t渗沥液处理厂。

(4) 生物能源再利用中心渗滤液收集方式。生物能源再利用中心渗沥液中有机物、氨氮浓度较高，含有大量的油脂（包括动物类油脂和少量石油类油脂）。餐饮垃圾和厨余垃圾中的水分，在进料、运输和处置过程中，通过沥水池收集，外排至渗沥液处理厂二期调节池。

(5) 船上渗滤液收集方式。基地以水运为主，每天到港的生活垃圾船只可达40条，其中约30条为集装箱垃圾船，途经10~15h，过程中产生150~200t/d的垃圾渗滤液。船上渗滤液收集工程设计收运规模200t/d，使用年限10年。利用专用的渗沥液收集船只，将紧靠在生活垃圾船只旁，船与船之间用缆绳加以固定，通过抽水泵从垃圾船只渗沥液口将垃圾船内渗沥液抽入渗沥液收集船。满载渗沥液的收集船停靠在简易码头，简易码头设有船体浮排，便于船体与码头连接，码头设置倒置L形伸缩支架，配置一台自吸泵提取船，途经流量计、过滤器、管道输送至调节池。

2.4.2 渗沥液处理工艺

2.4.2.1 3200t渗沥液厂

渗沥液厂渗沥液处理规模为3200m³/d，焚烧厂和填埋场渗沥液各1600m³/d，接纳综合填埋场二期渗沥液+湿垃圾处理厂废水，兼顾再生能源中心一、二期渗沥液的水量储存和渗沥液处理厂一期的水质水量调配，其处理工艺流程如图2-14所示。反渗透系统只有当纳滤清液不能达到排放标准时运行。

2.4.2.2 1500t渗沥液厂应急项目

A 启迪水务500t项目

处理渗沥液水量500t/d，污水处理工艺（图2-15）为：预处理系统+梯度生化曝气系统+二级Fenton+二级曝气生物滤池（BAF）。污泥处理工艺流程为：生化污泥+物化污泥→污泥池→隔膜压滤机→泥饼外运。

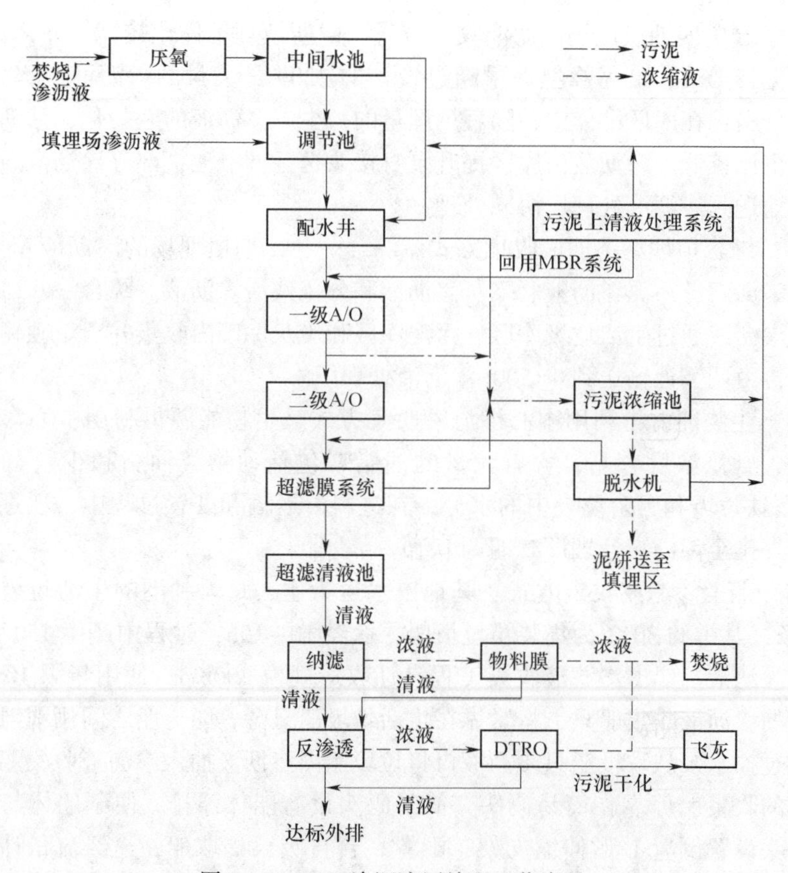

图 2-14 3200t 渗沥液厂处理工艺流程

B 嘉园环保 500t 项目

渗沥液处理工艺流程如图 2-16 所示，图中 STRO 为管网式反渗透膜，DTRO 为碟管式反渗透膜。

C 环境院 500t 项目

环境院渗沥液处理工艺与渗沥液处理厂相同，具体如图 2-17 所示。

2.4.2.3 氧化塘提标技改项目

氧化塘提标技改项目，即鹭滨环保 500t 项目。渗沥液处理工艺（图 2-18）为：原位生物净化塘+MAP+A/O-MBR+矿化垃圾生物反应床+纳滤。

垃圾填埋一、二、三期封场渗沥液经收集后储存在调节池内，首先利用提升泵将该渗沥液提升至原有兼氧池改造后的原位微生物净化塘，投加高效微生物菌剂，新增 8 台表面式曝气机，强化生物净化，降低对后续工艺的冲击负荷。

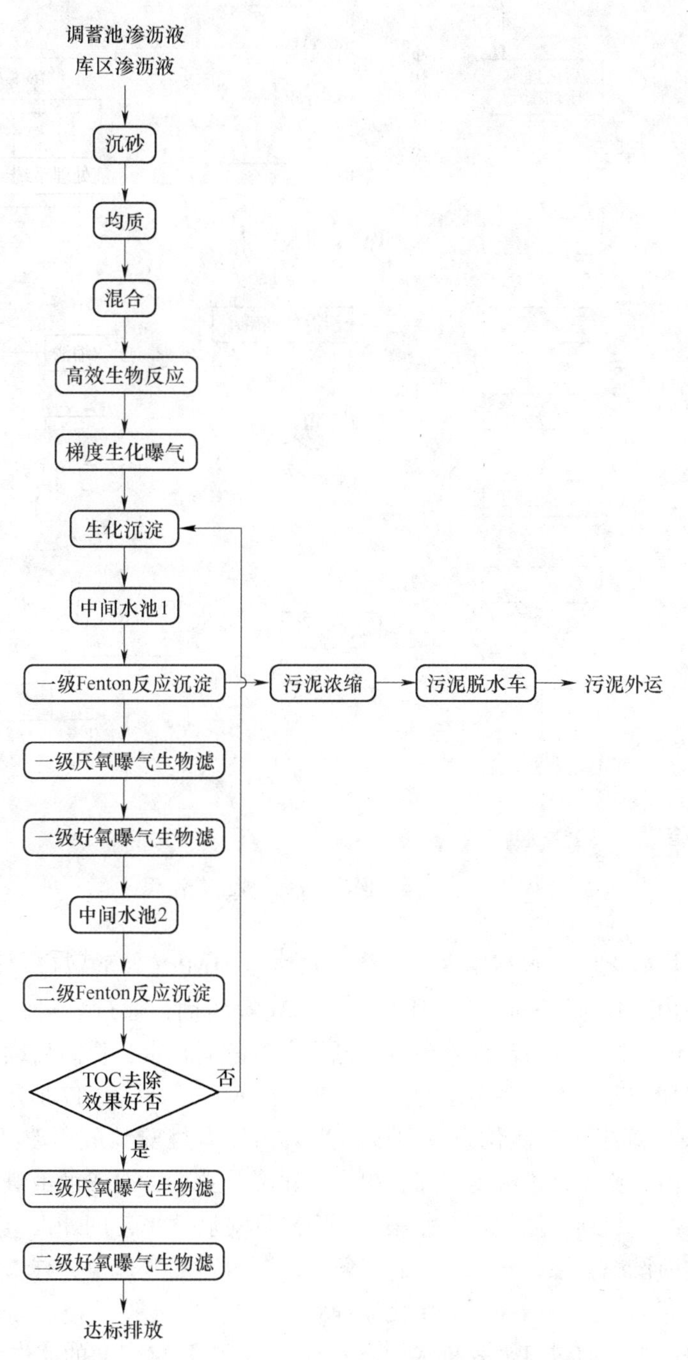

图 2-15 启迪水务应急项目渗沥液处理工艺流程

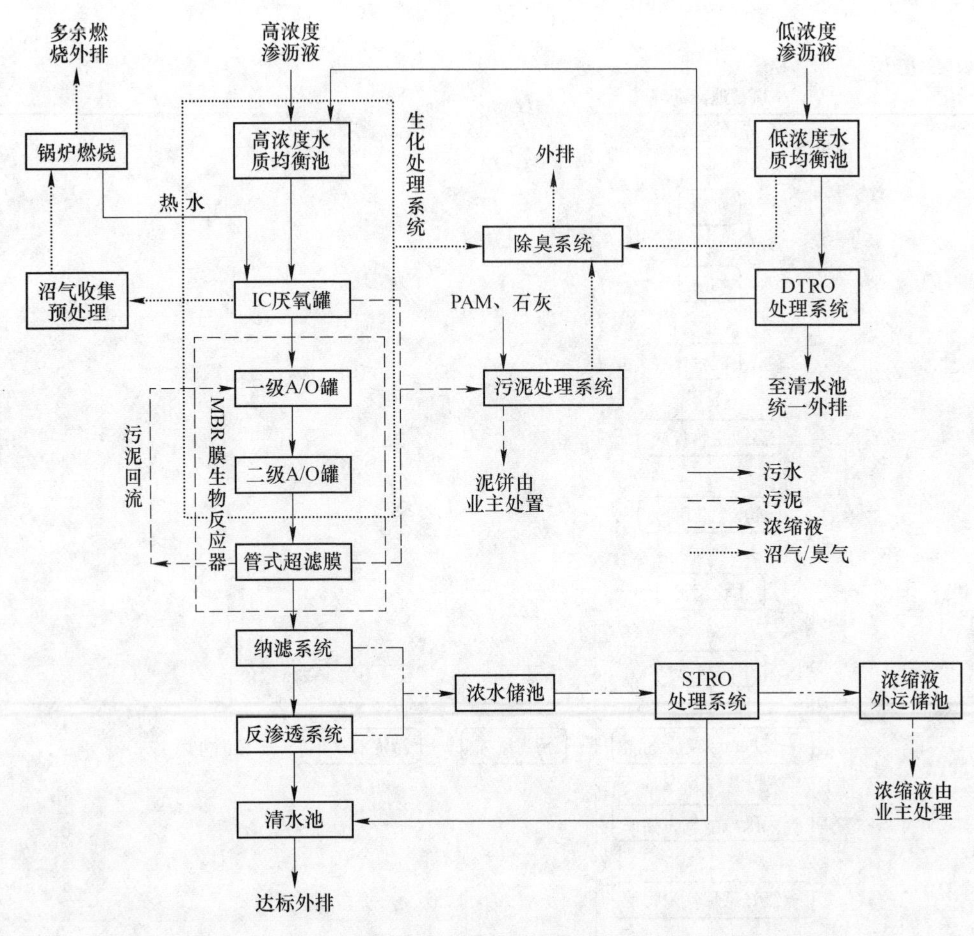

图 2-16 嘉园环保渗沥液处理工艺流程

原位生物净化塘出水利用潜水泵将出水泵至 MAP（磷酸铵镁）反应沉淀池一体化设备内，投加 $MgSO_4$、NaH_2PO_4、PAM 等药剂，通过物化的方法高效去除渗沥液中的氨氮，降低渗沥液中以氨氮为主的总氮含量，保障后续生化过程正常运行，提高处理效率，稳定运行。

MAP 反应沉淀池一体化设备出水后进入由原有好氧池隔断改造的缺氧池，并于缺氧池内设置 3 台推流搅拌器，提高生化降解效率，对渗沥液进行搅拌，防止悬浮物沉淀，起到匀质匀量的作用，可以降低对后续工艺的冲击负荷。缺氧池出水，通过内设潜水泵将水泵至原有好氧池隔断改造的好氧池，并增加 3 台射流曝气器，提高溶氧量，增强好氧生化处理效率。

好氧池出水，通过自吸泵将水打入外置式 MBR 装置内，强化生化降解 COD 及脱氮效率。

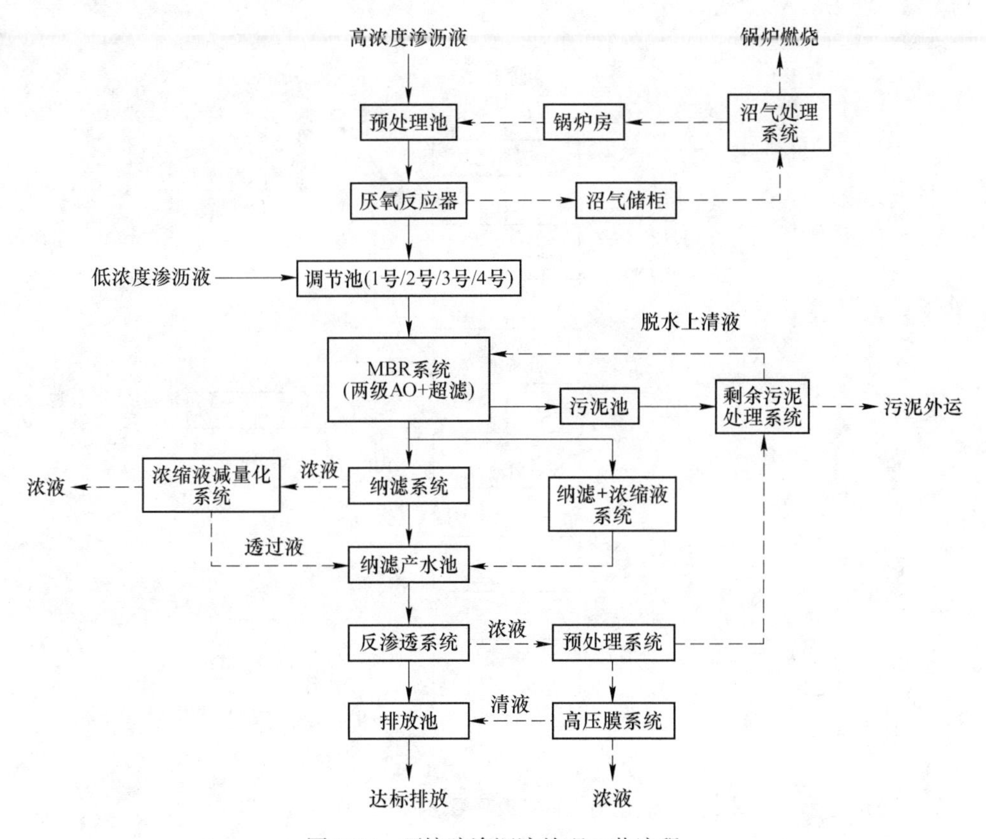

图 2-17 环境院渗沥液处理工艺流程

外置式 MBR 装置出水，通过一新建溶气塔，经布水设备并联进入 2 座矿化垃圾床，矿化垃圾床出水经集水池调节后，进入纳滤车间，进行深度处理，经计量及监测井后，保证出水达标排放。

项目污泥处理工艺（图 2-19）为：污泥池+叠螺浓缩机+铁盐调理+板框压滤机工艺。MAP 反应沉淀池的化学污泥及 A/O-MBR 装置的生化污泥，在贮泥池内混合，先经浓缩叠螺机匀质，然后在调理罐内投加铁盐、石灰及 PAM 等药剂，进行再度调理，完成后，通过弹性板框压滤机进行深度脱水，使泥饼含水率降至 60%以下，送填埋场处置。

浓缩液处理工艺（图 2-20）为：一级接触塔+生化罐+外置式 MBR+二级接触塔+曝气生物滤池+三级接触塔。由纳滤车间浓缩液出水，直接进一级接触塔，出水经生化罐及外置式 MBR，再经二级接触塔，然后经曝气生物滤池（BAF）和中间储罐缓冲后，再经三级接触塔，出水排至原位净化塘。

除臭工艺为：植物液喷洒+生物除臭。

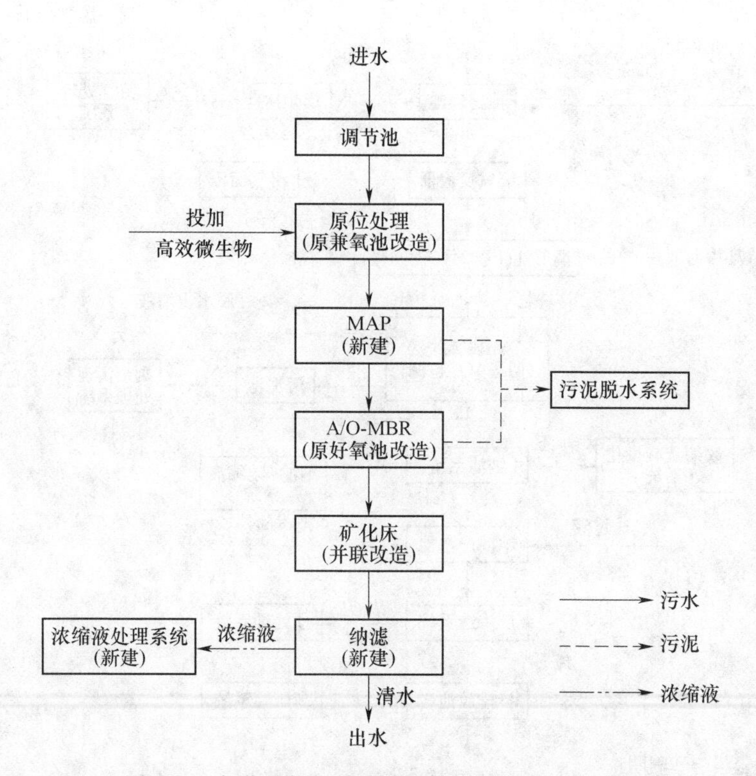

图 2-18 氧化塘提标技改项目渗沥液处理工艺流程

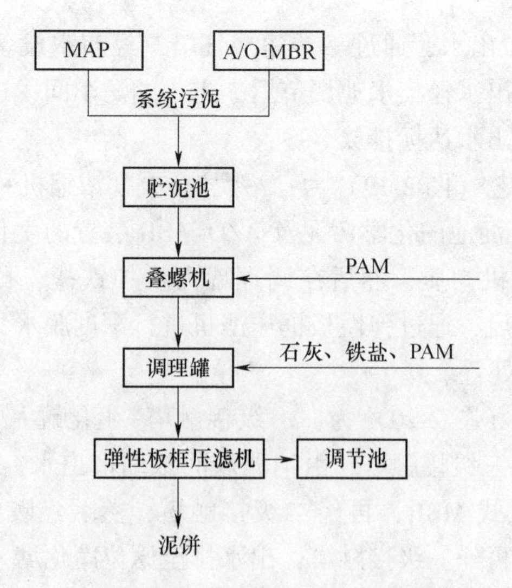

图 2-19 氧化塘提标技改项目污泥处理工艺流程

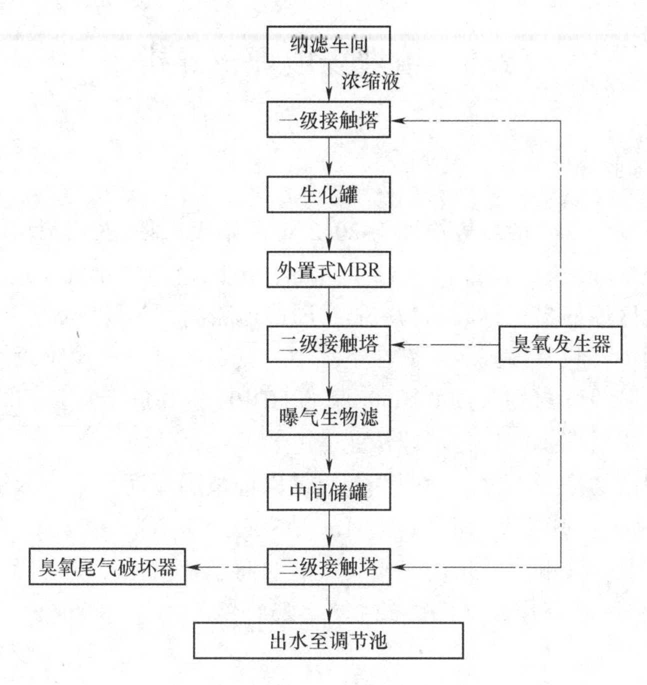

图 2-20　氧化塘提标技改项目浓缩液处理工艺流程

2.4.2.4　四期渗沥液厂处理工艺

四期渗沥液厂处理工艺流程如图 2-21 所示。

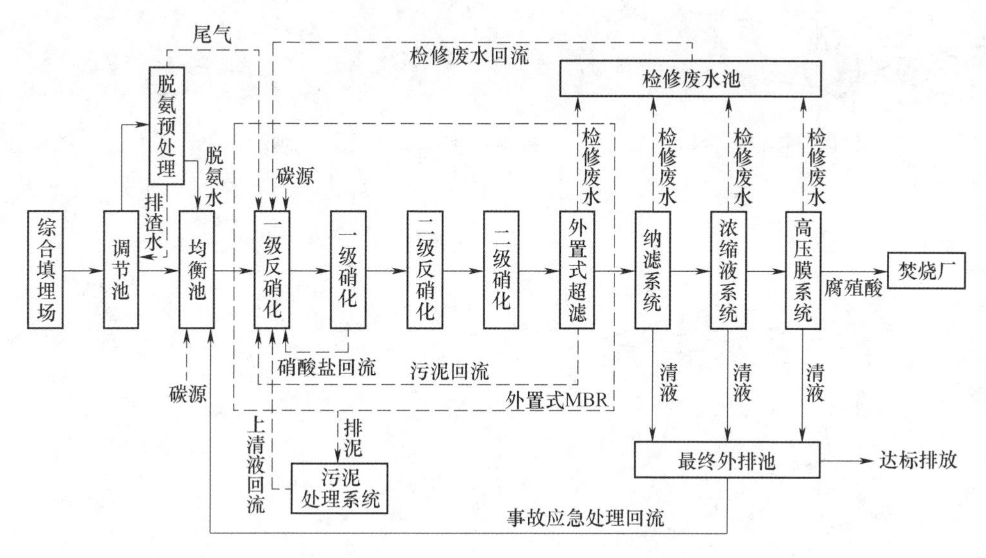

图 2-21　四期渗沥液厂处理工艺流程

2.5 填埋场填埋气导排

2.5.1 填埋作业分区

综合填埋场一期生活垃圾填埋于 2012 年开始投入使用，设计使用年限为 16 年，生活垃圾填埋区长约 725m，宽约 642m，由四个填埋单元 B1、B2、B3、B4 组成。填埋库区库底最低标高约为-5m，周边道路高程为 5~6m。

作业工程中，只有该区域暴露在空气中，其余各区皆采用阶段性封场或者临时封场。通常阶段性封场采用 0.5mm 厚的 HDPE 膜并进行焊接，临时封场仅进行搭接，以便于后期揭露进行填埋作业。

整个填埋区的作业顺序分为两个等级，以堆填层标高为第一等级划分：第一填埋层（至 11m），第二填埋层（至 31m），第三填埋层（至 46m）；每一填埋层内划分第二等级作业顺序，按由南向北、由西向东依次进行 B1、B2、B3、B4 库区（共 18 区）的堆填作业（图 2-22~图 2-25）[7]。

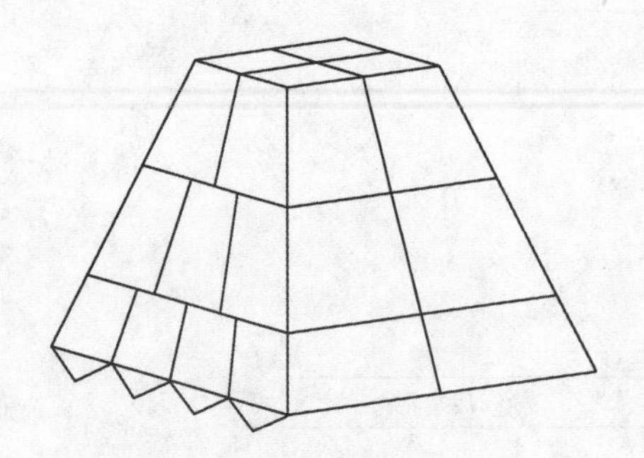

图 2-22 填埋区整体作业分区示意图

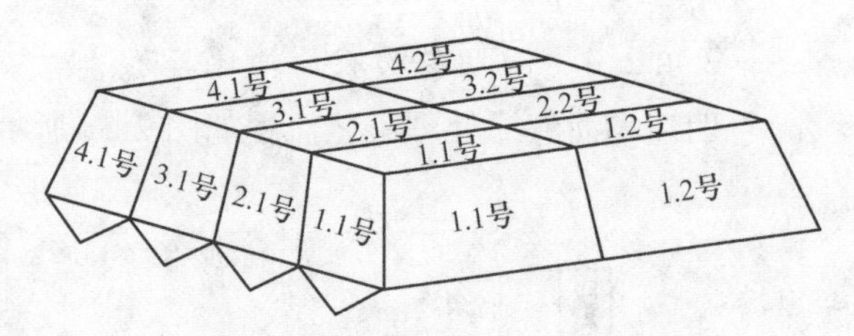

图 2-23 第一填埋层作业分区示意图

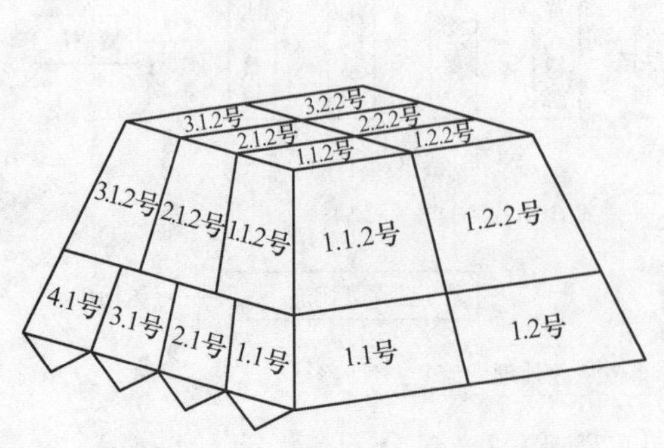

图 2-24 第二填埋层作业分区示意图

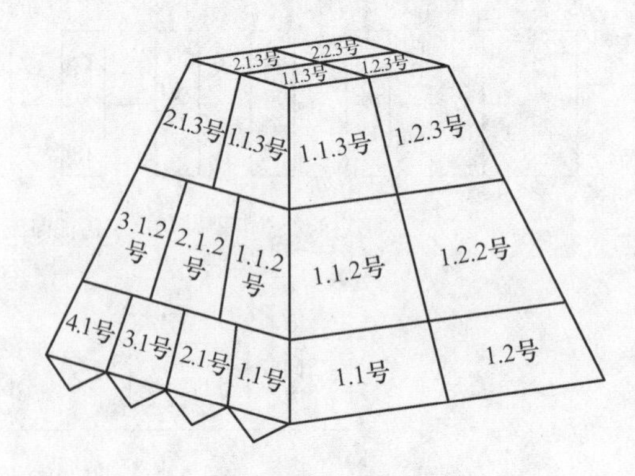

图 2-25 第三填埋层作业分区示意图

第一填埋层（至11m）分为8区，即1.1号，1.2号，2.1号，2.2号，3.1号，3.2号，4.1号，4.2号；

第二填埋层（至31m）分为6区，即1.1.2号，1.2.2号，2.1.2号，2.2.2号，3.1.2号，3.2.2号；

第三填埋层（至46m）分为4区，即1.1.3号，1.2.3号，2.1.3号，2.2.3号。

2.5.2 填埋气收集系统设计

采用水平收集系统，能更早和有效地收集填埋气。三个填埋层的标高分别为11m、31m和46m，则对应横向水平收集系统铺设层的标高为6m、21m、39m，在整个填埋期间都随之建设。填埋区共计分为18个，当该填埋区的垃圾填埋到横向水平收集系统布置的标高时，布置横向抽气管，布置完毕后，继续向上堆填垃圾至指定高程；每一个填埋区布设一次水平收集管网，当该填埋区填埋完毕，即进行封场工程，该区即可进行填埋气收集，填埋作业进入下一填埋分区。

2.5.2.1 第一填埋层（至11m）收集系统

第一填埋层填埋高度至11m，除B1库区采用竖井收集方式外，其余各填埋分区均在标高6m处铺设横向水平收集管（见图2-26），竖向导气石笼示意如图2-27所示。横向水平收集管间距40m，管长约327m，共计24根，从第一填埋层中间分别往东西向布置，管头穿封场HDPE膜而出，接入布置在库区周边的输气干管。横向水平收集管利用原设计的层间排水系统的碎石盲沟，水平间距为40m。

2.5.2.2 第二填埋层（至31m）收集系统

第二填埋层填埋高度至31m，分为6个填埋区，各填埋分区均在标高21m处铺设横向水平收集管（图2-28）。横向水平收集管利用原设计的层间排水系统盲沟，间距40m，东西侧管长约327m及240m，共计26根，从中间分别往东西向布置，管头穿封场HDPE膜而出，接入布置在库区周边的输气干管。

2.5.2.3 第三填埋层（至46m）收集系统

第三填埋层填埋高度至46m，分为4个填埋区，各填埋分区均在标高39m处铺设横向水平收集管（图2-29）。横向水平收集管利用原设计的层间排水系统盲沟，间距40m，管长约221m，共计22根，从中间分别往东西向布置，管头穿封场HDPE膜而出，接入布置在库区周边的输气干管。

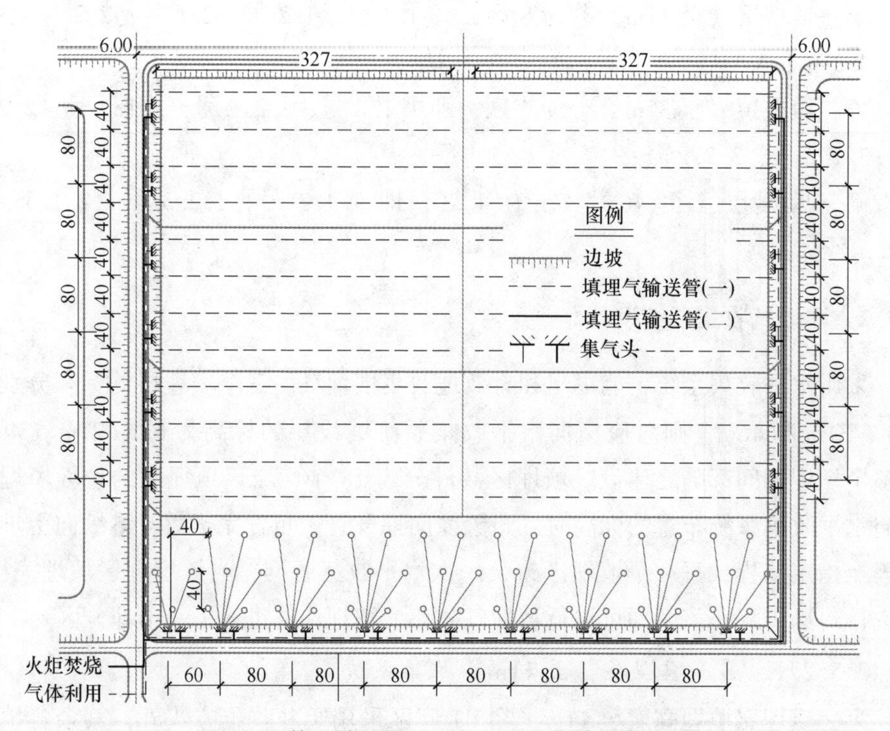

图 2-26 第一填埋层（至 11m）收集管道布置图

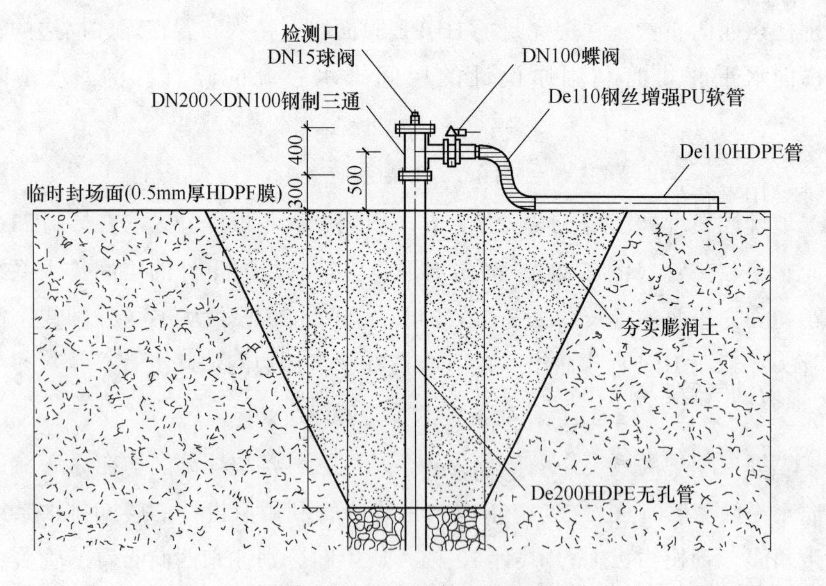

图 2-27 竖向导气石笼示意图

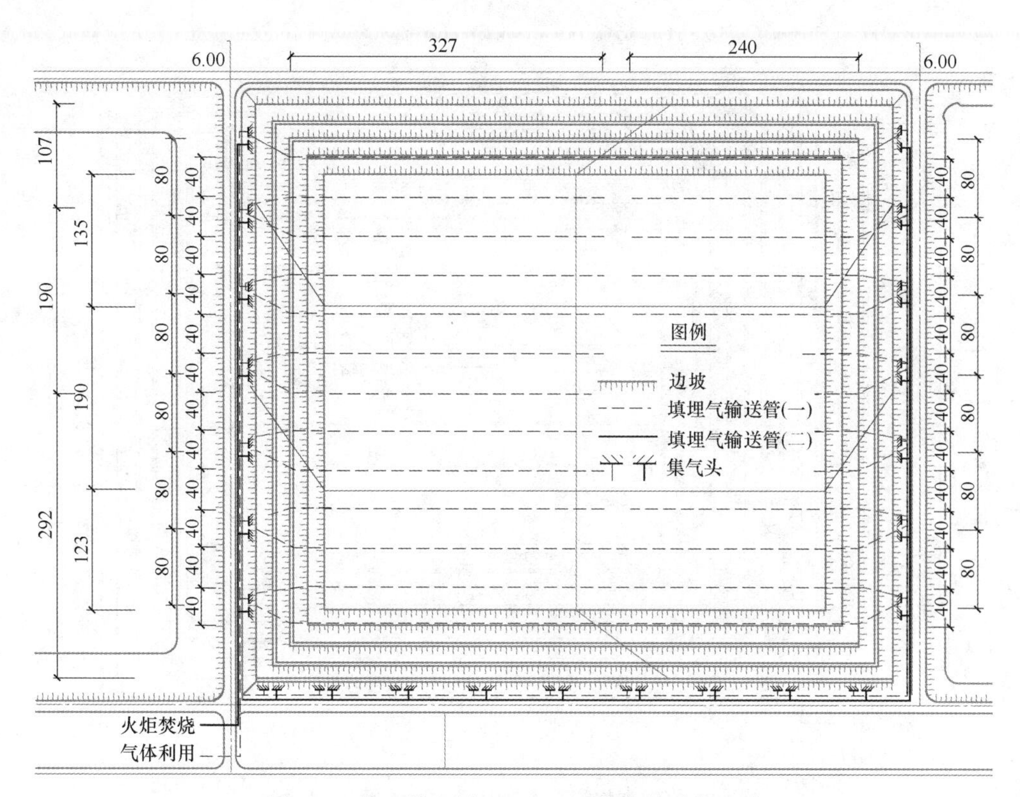

图 2-28　第二填埋层（至 31m）收集管道布置图

2.5.3　输气干管设计

抽取的填埋气均汇入库区周边的输气干管，最终排往预留的填埋气处理区。输气干管采用平行的两道管道输送，根据气体监测的结果，气体质量较好便于后期利用的填埋气进入一根专用管道，当气体质量不满足后期使用时，则进入另外一根直接送至燃烧器处理，集气头处的闸阀用来控制不同质量填埋气的去向（图 2-30）。

2.5.4　横向抽气管与原层间排水系统的衔接

横向抽气管拟结合原有层间排水盲沟共同设置，一是原有层间排水系统横向间隔为 40m，此间距用于设置横向水平抽气管是合适的；二是抽气管和原层间导渗管共用原层间盲沟，可大大降低工程实际应用时的投资。

横向抽气管管径为 De160，管材与导渗管一致，均为 HDPE 管，考虑到垃圾填埋层的不均匀沉降，尽量提高管材规格，采用 PE100，SDR17 级。横向抽气管

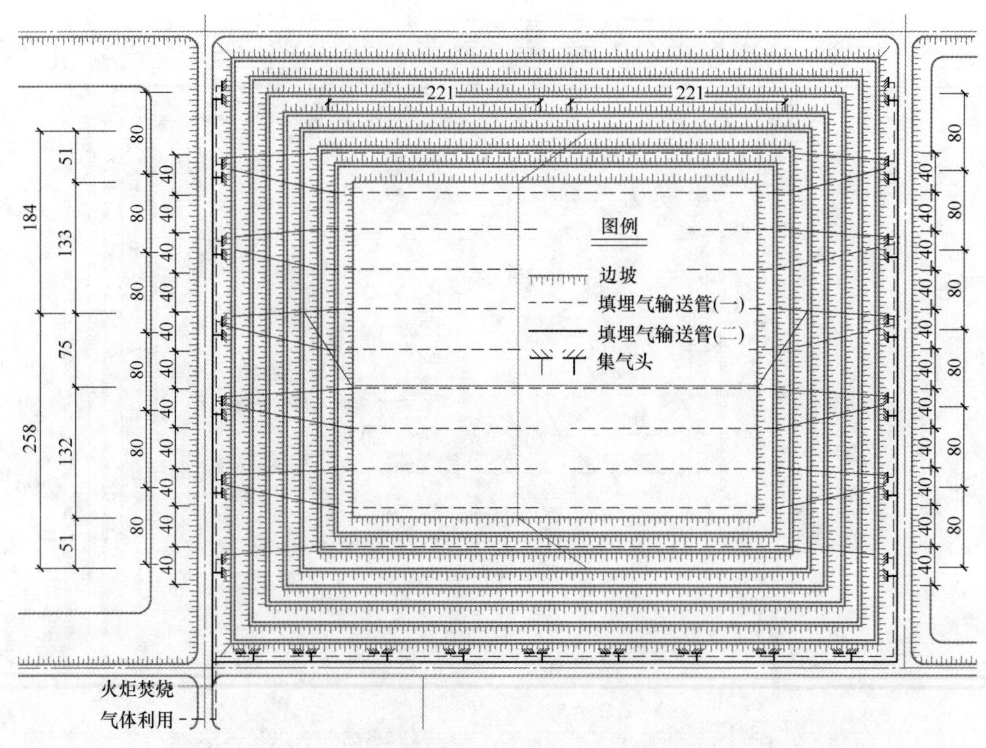

图 2-29 第三填埋层（至 46m）收集管道布置图

采用穿孔花管，开孔直径 15mm，外穿临时封场覆盖前 2.5m 处将穿孔花管更换为无孔管，并用膨润土进行夯实密封。外穿后的井头设置闸阀，预留测量口，并由软管连接至 De110HDPE 连接管，直至接入集气头。具体布置如图 2-31 所示。横向抽气管盲沟利用原有层间排水系统盲沟，盲沟尺寸及做法均不变，抽气管布置于盲沟一侧斜上方，具体布置如图 2-32 所示。

2.5.5 冷凝液控制系统设计

输气干管每隔 160m 设置 1 座冷凝液排放井，做法为在管道最低点处设置四通，四通下部接 DN200 手动闸阀一台，下接一部储水罐，具体如图 2-33 所示。冷凝水排放控制采用手动闸阀，手动阀常态为打开，冷凝水排入储水罐内；当储水罐内快积满冷凝水时，需采用人工方式关闭该手动阀，进行冷凝水排放，同时防止输气管被抽吸入空气。冷凝水就近排入各库区卧式渗滤液抽排井内或直排入填埋库区内。四通顶部留水位测量孔，通过旋盖常态密封，当需测量水位时，可将测量仪由此水位测量口中伸入进行测量。

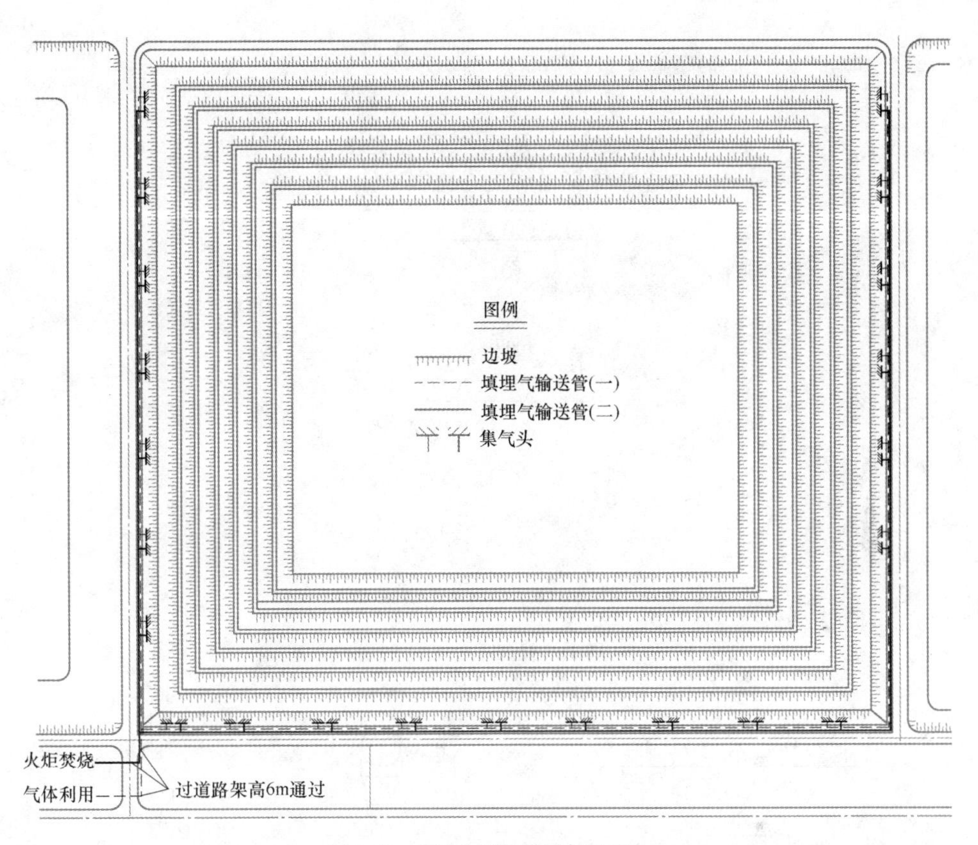

图 2-30 输气干管平面布置图

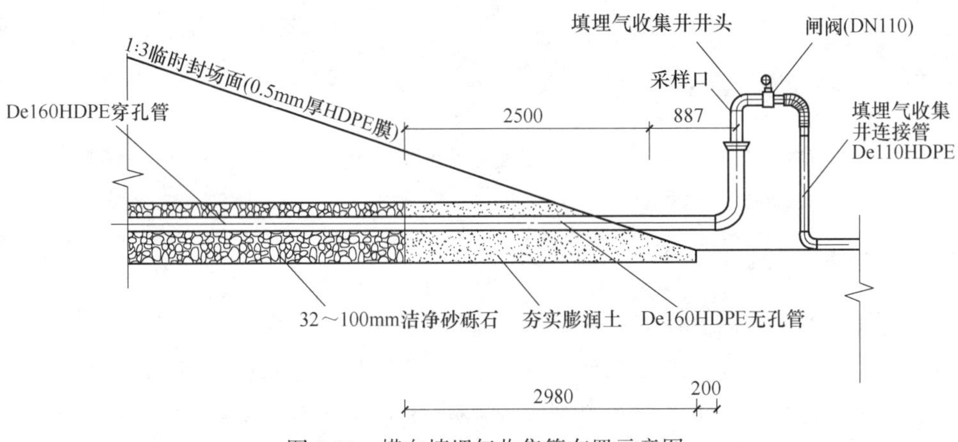

图 2-31 横向填埋气收集管布置示意图

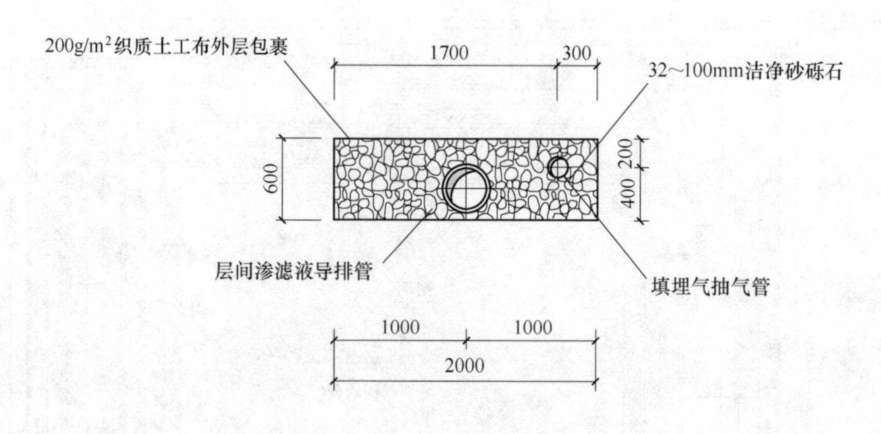

图 2-32　共用盲沟做法示意图

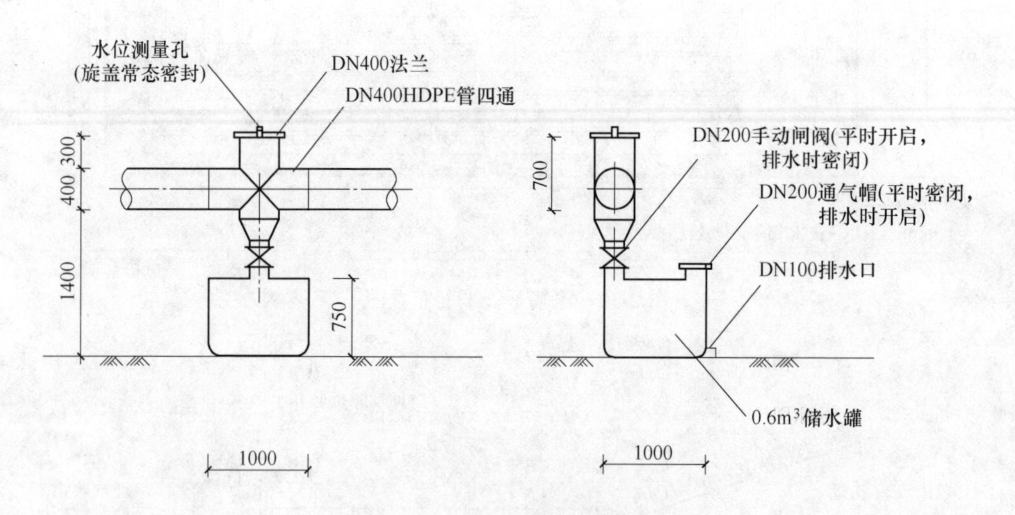

图 2-33　冷凝液排放井做法示意图

2.5.6　集气头设计

集气头采用多根 De110HDPE 管与一根 De200HDPE 管焊接而成，接入集气头前，各抽气管上设置监测口和闸阀，集气头上设压力表和氧量/甲烷传感器，以便实时监测填埋气质量，并由闸阀控制进入何种输气干管，具体如图 2-34 和图 2-35 所示。

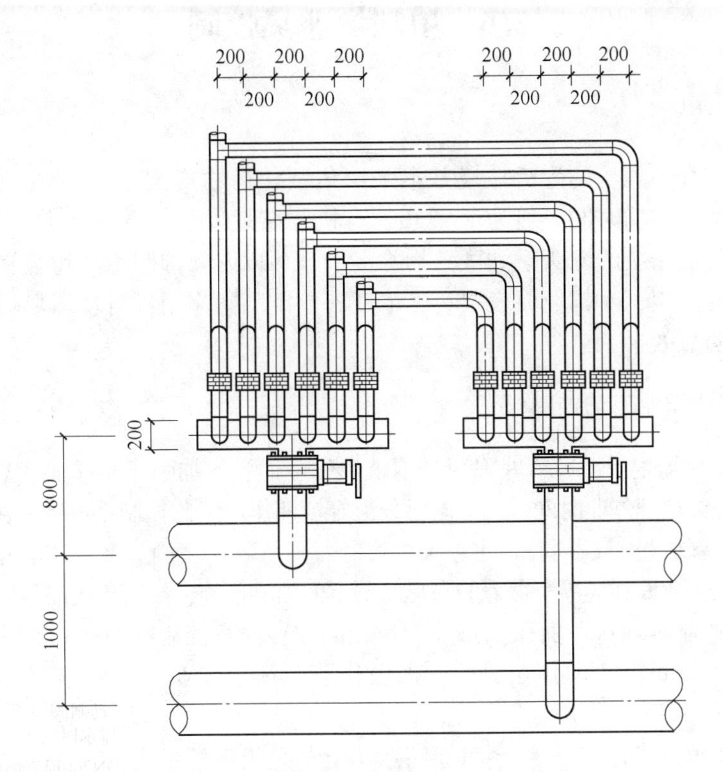

图 2-34 集气头做法平面布置示意图

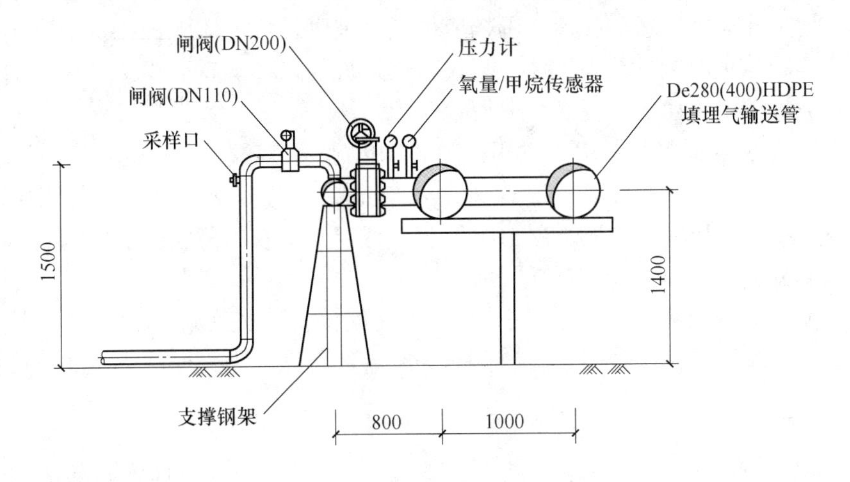

图 2-35 集气头做法剖面布置示意图

2.6 填埋场恶臭控制

2.6.1 源头控制

进入综合填埋场的生活垃圾基本采用集装化运输形式，垃圾在集装箱内处于厌氧状态，运输时间一般为 8~24h，有机物腐烂发酵，产生了大量恶臭气体。在集装化转运系统的源头喷洒微生物除臭剂，可以有效抑制生活垃圾在集装箱内恶臭气体的产生，对作业面表层臭气浓度有一定削减作用，对填埋场场界的恶臭削减也有明显效果。

2.6.2 填埋作业工艺控制

综合填埋场生活垃圾填埋采用控制填埋作业面积、加强压实作业、双层膜日覆盖、控制每天填埋作业时间、加强雨污分流等填埋作业工艺控制手段，从源头上减少恶臭气体的释放量[8]。同时，通过人工喷洒、高压风炮喷洒、水幕喷淋除臭剂等措施，实施从作业面到场界全覆盖的除臭药剂空间喷洒措施，控制臭气的区域蔓延。

（1）控制填埋作业面积。每千吨垃圾的作业面积控制在 $600m^2$ 以内。

（2）控制每天填埋作业时间。揭膜作业、填埋作业、覆盖作业时间无缝衔接，减少垃圾裸露时间。

（3）加强雨污分流。控制渗沥液产生量与垃圾填埋量之比在 35%以内。

（4）加强压实作业。填埋堆体压实密度大于 $0.9t/m^3$。

（5）堆体边坡围挡技术。对堆体边坡进行围挡，尽可能增加边坡坡度、减少边坡面积，进而减少恶臭释放量。利用土木工程中的重力式挡土墙或悬臂式挡土墙等，增加作业区边坡的强度。围挡底部插入坡脚垃圾堆体中，或者依靠重力进行固定，围挡正面紧贴垃圾堆体，不仅减小边坡的垃圾裸露面积，还能使边坡松散的垃圾堆体受力压实，提高作业面承载力。

（6）双层膜日覆盖。采用“农用薄膜+HDPE 膜”双层膜日覆盖，每天作业结束后在填埋作业面上自下而上依次采用 0.4mm 厚农用薄膜和 0.5mm 厚 HDPE 膜进行覆盖，次日作业前揭开上层 HDPE 膜，保留下层农用薄膜，阻止揭膜作业时膜下积压臭气的大面积扩散。

（7）喷药除臭技术。对于已经产生的恶臭气体，通过在垃圾倾卸过程喷药除臭、场界立体除臭幕墙、固定式和移动式风炮除臭等方法，尽可能地减轻或掩盖恶臭气味。

2.6.3 臭气收集

恶臭气体的收集主要通过穿孔软管、表面覆盖膜及预埋输送管道和风机等构

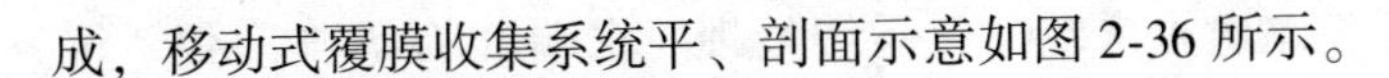
成，移动式覆膜收集系统平、剖面示意如图 2-36 所示。

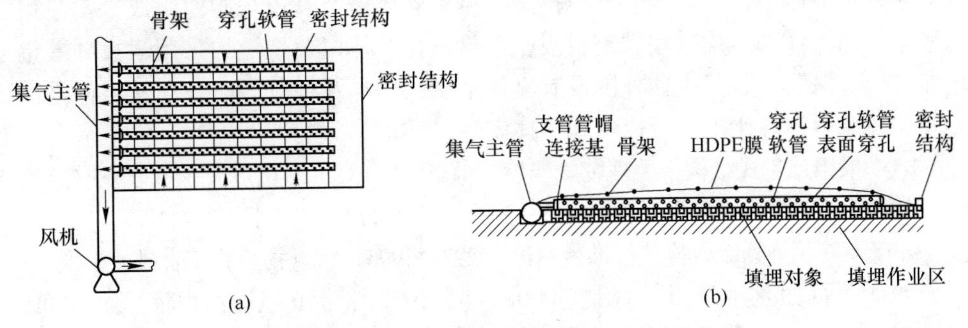

图 2-36 移动式覆膜收集系统平、剖面示意

(a) 平面；(b) 剖面

集气主管和风机不可移动，在填埋场建设时安装完成，集气主管预埋设于填埋库区周边，主管上按需间隔设置易于拆卸的支管管帽，能与作业面上的穿孔软管连接，保证各软管收集的臭气汇集到主管中。风机设置于末端净化处理设备旁，与集气主管相连通，用于提供主管路负压。穿孔软管和覆盖膜为可移动部分，首先将穿孔软管均匀铺设于填埋对象之上，上面覆盖 HDPE 膜，膜四周通过密封结构固定于填埋堆体表面，使填埋作业后填埋垃圾在一个封闭的空间内，臭气不至于向外扩散；作业面上的臭气经收集后进行集中处理。

管道材料材质选用 HDPE 实壁管。选择 PE 材料螺纹加强型软管，可满足现场的拖行作业方式和耐磨损、耐腐蚀、质量轻的要求；采用承插式快速连接方式。软管管径 20~120mm，管周围穿孔直径 10~16mm，穿孔间距为 300mm，各软管平行间隔为 2~10m，每米软管的集气控制面积在 2~10m^2，软管承插端口通过支管与主管相连接[9]。覆盖材料选用 0.5mm HDPE 膜。

当日下午填埋作业结束后（14：00~16：00），将由 2 根集合支管引出的 8 根 40m 长穿孔气管在作业区域垃圾表面布设，覆盖面积约 1000m^2，排风量为 1200~3000m^3/h。作业区表面覆膜，集合支管与预埋排气管道连接。第 2 天清晨在填埋作业开始前揭膜，并从作业面移除穿孔管。

2.6.4 恶臭气体蓄热燃烧技术

蓄热燃烧（RTO）技术是将作业面收集的臭气升温至 850℃ 以上，停留时间 1s，其中有机可燃组分氧化分解为 CO_2 和 H_2O；氧化产生热量被蓄热体“贮存”起来，用于预热新进入的臭气，从而节省升温所需要的燃料消耗，降低运行成本。目前，综合填埋场建设了处理量为 3000m^3/h 的 RTO 示范工程，用于处理作业面表层恶臭气体[10]。

经前端收集后的恶臭气体送入末端净化系统处理。末端RTO恶臭净化系统由蓄热氧化炉体、控制系统、支撑构架、风机、风道及管道与阀门组成。蓄热室及氧化室壳体、烟道均采用碳钢材质，蓄热氧化炉体以及烟道均采用耐火硅酸铝纤维进行内保温，装置主体外围设有操作平台、爬梯及栏杆等。各功能组件最后集成在一个整体底座上，可以实现整体安装、移动。

RTO采用二室式结构，处理废气温度为（70±10）℃，净化效率不低于95%，蓄热效率不低于95%，废气在温度850℃以上的炉膛中的停留时间不低于1.0s，废气排放符合《大气污染物综合排放标准》（GB 16297—1996）大气污染物综合排放标准。

RTO恶臭净化系统设计风量3000m³/h，位于综合填埋场污泥库区西北角，占地50m²，分为氧化炉主体、烟囱、控制柜3部分。净化系统于2013年11月建成，于2014年4月开始调试。设计参数见表2-4。

表2-4 RTO设计处理气体浓度参数

$CO/mg \cdot m^{-3}$	$CH_4/mg \cdot m^{-3}$	$TVOC/mg \cdot m^{-3}$	$CO_2/\%$	$H_2S/mg \cdot m^{-3}$
大于2500	2100~6400	65~125	8~9	11~13

根据综合填埋RTO运行情况，对恶臭净化效果如表2-5所示。RTO对于H_2S、恶臭浓度能实现92%以上的净化效率，H_2S的净化效率高达99%，但对于甲烷计的HC、异丁烯计TVOC和CO的净化效率则在85%~90%。此外，运行期间测定得到的焚烧排气中的NO_x和SO_2浓度均较小，因此未启动烟气洗涤净化系统。

表2-5 RTO气体净化性能测试情况

序号	项目	RTO入口	RTO出口	效率/%
1	气体流量/$m^3 \cdot h^{-1}$	1452	1543	—
2	气体温度/℃	19~24	43~45	—
3	气体压力/Pa	-2500~-2750	32~43	—
4	HC（甲烷计）/$mg \cdot m^{-3}$	1905	183	89.6
5	TVOC（异丁烯计）/$mg \cdot m^{-3}$	167	19	87.4
6	$CO/mg \cdot m^{-3}$	1775	236	85.6
7	$H_2S/mg \cdot m^{-3}$	20	0.13	99.3
8	$NH_3/mg \cdot m^{-3}$	9	1.5	81.9
9	$O_2/\%$	19.1	18.4	—
10	恶臭浓度/ou	30903	1738	93.9
11	$NO/mg \cdot m^{-3}$	—	9	—
12	$SO_2/mg \cdot m^{-3}$	—	51	—

注：燃烧室温度为790~823℃。

参考文献

[1] 周海燕，兰思杰，赵由才．干污泥单独填埋的工程化应用 [J]. 环境卫生工程，2015，23 (5)：68~70.

[2] 石广甫．生活垃圾填埋场的深度资源化利用探讨 [J]. 低碳世界，2021 (2)：1~2，5.

[3] 唐佶．上海老港综合填埋场运营关键工艺分析与评估 [J]. 环境卫生工程，2016，24 (3)：25~27.

[4] 毛永军．老港综合填埋场填埋作业辅助设施保障研究 [J]. 环境卫生工程，2018，26 (6)：70~72.

[5] 严光亮，周海燕，徐勤．老港生活垃圾填埋场填埋精细化管理手册 [M]. 北京：化学工业出版社，2011.

[6] 张美兰，黄皇，徐勤，等．大型固废基地垃圾渗沥液处理与运营管理300问 [M]. 北京：化学工业出版社，2020.

[7] 陈剑．上海老港生活垃圾填埋场填埋气快速收集系统应用研究 [D]. 北京：清华大学，2015.

[8] 董辉．老港综合填埋场生活垃圾填埋运行现状及成本分析 [J]. 环境卫生工程，2018，26 (4)：78~80.

[9] 施庆燕，李夏，余毅，等．填埋作业面臭气收集处理系统设计 [J]. 环境卫生工程，2016，24 (2)：59~60，63.

[10] 陈善平，余召辉，王晓东，等．大型生活垃圾填埋场恶臭综合控制措施及效果分析 [J]. 环境卫生工程，2017，25 (5)：74~76，80.

3 生活垃圾焚烧厂实习

实习目的

（1）了解生活垃圾焚烧厂的日常管理与二次污染防治。
（2）了解生活垃圾焚烧厂的恶臭处理方法。
（3）了解生活垃圾焚烧厂的烟气处理方法。
（4）了解生活垃圾焚烧厂洗烟废水的特性和处理方法。
（5）了解生活垃圾焚烧厂各种噪声源频谱特性及其污染治理方法。
（6）掌握生活垃圾焚烧厂渗滤液的水质特征、处理难点，以及渗滤液膜处理工艺。
（7）掌握生活垃圾焚烧厂给水处理系统的组成、循环冷却水及除盐水的处理（制备）工艺。
（8）掌握生活垃圾焚烧厂烟气特征及污染控制工艺。

实习重点

收集垃圾焚烧发电厂的相关排放参数。

实习准备

实习前应充分回顾所学的相关专业知识，并查阅以下资料。
（1）生活垃圾焚烧厂的选址原则。
（2）生活垃圾焚烧厂的产污环节。
（3）生活垃圾焚烧厂烟气组成特征、处理工艺。
（4）生活垃圾焚烧厂循环冷却水及除盐水的处理（制备）工艺。
（5）生活垃圾焚烧厂渗滤液水质及处理工艺。
（6）生活垃圾焚烧厂烟气特征及污染控制工艺。
（7）生活垃圾焚烧厂各种噪声源频谱特性及其污染治理方法。

现场实习要求

（1）以图片和文字的形式进行记录。
（2）记录污水处理厂的操作运行过程和规程，现场的操作人员，操作器械的类型和数量，以及运行操作管理规范。

（3）记录当前的垃圾日处理量，以及各环节详细的设计和运行参数。

（4）记录循环冷却水补充水的处理量、进出水水质、处理工艺流程及各处理环节详细的设计和运行参数。

（5）记录除盐水的处理量、进出水水质、处理工艺流程及各处理环节详细的设计和运行参数。

（6）记录渗滤液的产生量、进出水水质、处理工艺流程及各处理环节详细的设计和运行参数。

（7）记录焚烧气体产生量、焚烧气体各监测点的气体组分和含量、焚烧尾气的处理工艺及各处理环节详细的设计和运行参数。

（8）记录焚烧厂各种噪声源声压级范围、频谱特性及其污染治理方法。

（9）记录焚烧厂的运行管理资料，包括机构人员配置、岗位与职能、日常环保管理等。

扩展阅读与参考资料

（1）《生活垃圾焚烧污染控制标准》（GB 18485—2014）。
（2）《生活垃圾焚烧处理工程技术规范》（CJJ 90—2009）。
（3）《垃圾发电厂渗沥液处理技术规范》（DL/T 1939—2018）。
（4）《生活垃圾渗沥液处理技术标准（征求意见稿）》。
（5）《垃圾发电厂烟气净化系统技术规范》（DL/T 1967—2019）。
（6）《垃圾发电厂炉渣处理技术规范》（DL/T 1938—2018）。
（7）《生活垃圾焚烧发电建设项目环境准入条件（试行）》。

3.1 生活垃圾焚烧厂简介

某生活垃圾焚烧发电项目位于宁波市鄞州区洞桥镇宣裴村裴岙，占地 300 亩，建设规模为日处理生活垃圾 2250 吨，年运行时间 8000h，年处理量 82.13 万吨，总装机容量 50MW。主要建设 3 台 750 吨机械焚烧炉、两台 25MW 凝汽式汽轮发电机组和 2 台 30MW 发电机，配套建设烟气净化系统、废水处理系统、灰渣处理系统等配套设施。项目总投资 13.44 亿元人民币，其中环保设施（含烟气净化系统、灰渣处理系统、污水处理系统、烟囱及绿化）投资预计达到 3.2 亿元人民币，占总投资额的 23.81%。

项目于 2016 年 8 月开始建设，2017 年 6 月正式投产。项目由宁波明州环境能源有限公司采用 BOT 的模式进行运营，特许经营期为 30 年（含建设期）。

项目外立面和景观设计由法国 AIA Architectes 公司承担，标志性设计有：蜂巢状透视玻璃幕墙，颜色鲜明的六边形饰块，几何状层次分明的主体建筑，110米高塔楼式烟囱（图3-1）。该工程为全开放式工厂，厂内已建成的垃圾焚烧发电博物馆，成为了宁波市民环保科普教育基地、青少年环境教育示范基地、工业旅游示范基地、党建教育基地以及高新技术交流的国际性展示平台。项目获2018~2019年度中国建设工程鲁班奖（国家优质工程）。

图3-1 生活垃圾焚烧发电厂全景图

垃圾焚烧厂总体平面布置如图3-2所示。焚烧发电厂所在地春季盛行东风，夏季盛行东南偏南风，秋季盛行东风，冬季盛行西北偏北风。全年主导风以东风和西北偏北风风向居多。

生活办公区为较洁净区，应位于全年最小风频下风向，以避免生产区和辅助生产区对其的污染。生活办公区设于建设用地北侧，正对场外的市政道路布置，方便对外联络及职工上下班进出厂区，同时也有利于企业文化的对外宣传与展示。生活办公区包括综合办公楼、传达室、停车场、广场、喷泉及篮球场等。综合办公楼布置在厂前区的西侧位置，同时在厂前区的空地上布置了大片景观绿化及景观水景。喷泉、水景及集中绿化的搭配布置既可以美化环境，调节办公区的小气候，同时又展现了环保企业的环保主题。

生产区布置在厂区南侧，主厂房呈东西向布置。根据生产工艺流程，车间内自东向西依次布置有卸料平台、垃圾库、焚烧间、通道、烟气净化间及烟囱。运输垃圾的车辆由厂区南侧的物流出入口进入厂区，途经地磅称重后经由场内道路沿上料坡道及栈桥进入卸料大厅，空车由原路返回。上料坡道及栈桥布置在主厂房的南侧，远离厂前区及主厂房的主立面。这样布置，使得厂区内的主要交通运

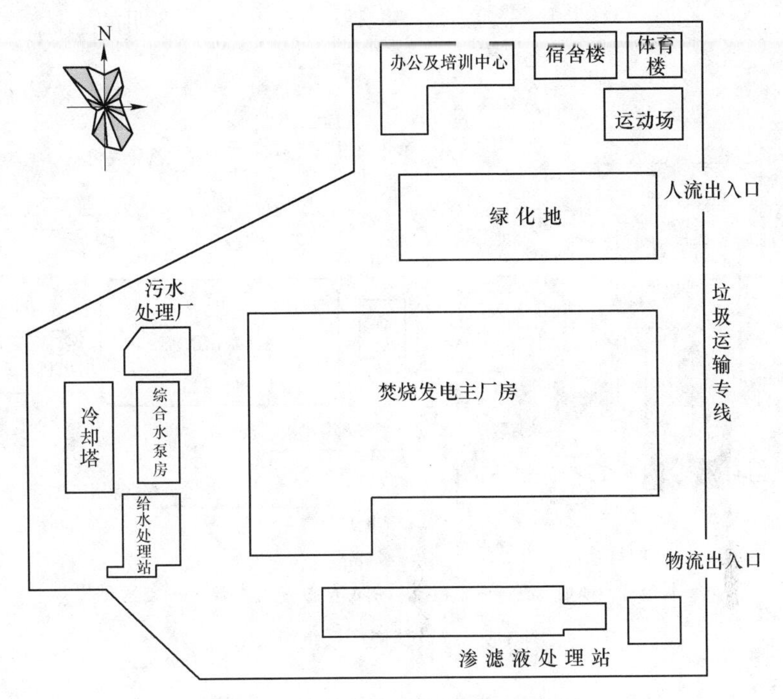

图 3-2 垃圾焚烧厂总体平面布置图

输集中在厂区的南侧，减少并防止了与场内人流的交叉。辅助生产区的水工设施与主厂房联系比较密切，包括冷却塔、综合水泵房、工业消防水池、净水器、生物滤池、回用水池、沉淀池等，水工设施集中在主厂房与西侧和南侧厂界之间，远离生活办公区。冷却塔因有水雾散发，布置在主厂房的西侧，紧邻西侧厂界；综合水泵房位于冷却塔和主厂房之间；给水处理区布置在厂区的南面，紧邻冷却塔和综合水泵房；垃圾渗沥液处理站布置在主厂房和厂区南侧厂界之间。地磅房布置在厂区的物流主干道上，方便物料的称量。油库油泵房布置在了厂区的西南角落位置，靠近焚烧车间，紧邻场内环路，方便油品的装卸。

3.2 垃圾焚烧厂系统组成

垃圾焚烧系统主要包括：接收及储存系统，上料系统，焚烧炉，助烧空气系统，烟气净化系统，出渣系统等（图 3-3）。

3.2.1 垃圾接收、储存及上料系统

生活垃圾由垃圾收集车或垃圾中转车运入本厂，经地磅称重计量后，进入垃圾卸料大厅，将垃圾卸入垃圾仓贮存，并用垃圾吊车搅拌混合垃圾后再将垃圾送

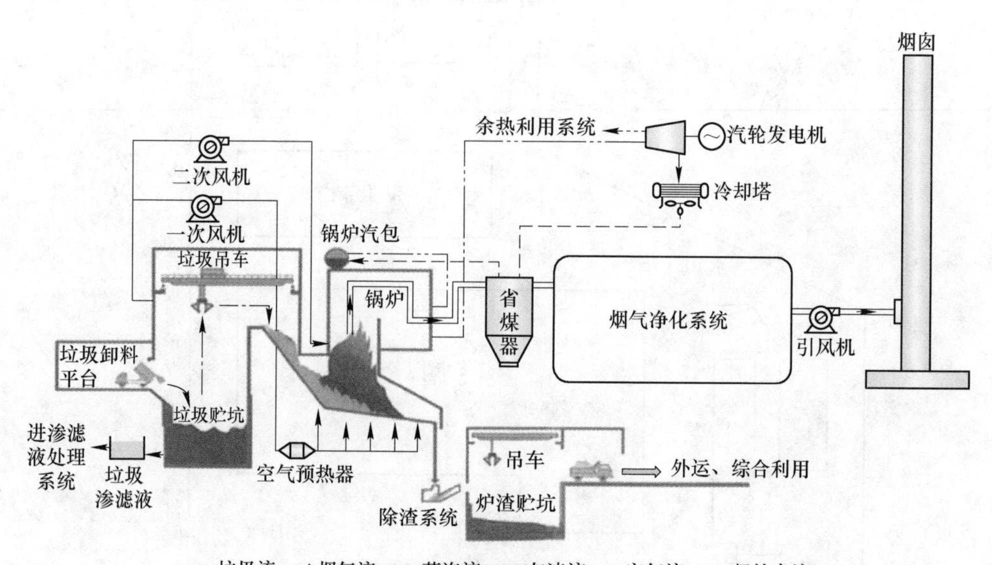

图 3-3　垃圾焚烧厂系统组成

入焚烧炉。系统主要包括以下设施：汽车衡、垃圾卸料大厅（图 3-4）、垃圾卸料门、垃圾池（图 3-5）、垃圾抓斗起重机、除臭设施。

图 3-4　垃圾车卸料大厅

垃圾池是一个密闭的，并具有防渗防腐功能的钢筋混凝土池。该工程设置有 2 个垃圾池，设计总容积约为 47952m³（两个垃圾池，每个垃圾池均为长 59m×宽

图 3-5 垃圾池

30m×平均高度 13.5m，地面以下深度约为 5.5m），按照池内贮存垃圾平均容重 0.45t/m^3、平均日处理 3000t 计算，可贮存 7.1 天的焚烧量。垃圾在垃圾池内堆存不仅可达到垃圾堆放发酵、渗沥液顺利导出提高垃圾热值的目的，而且还能保证设备事故或检修时仍可接收垃圾，起到一定的调节作用。

每个垃圾池上方设 2 台起重 20t，垃圾抓斗容积为 12m^3 的橘瓣式全自动垃圾抓斗吊车，供焚烧炉加料及对垃圾进行搬运、搅拌、倒垛，按顺序堆放到预定区域，以保证入炉垃圾组分均匀、燃烧稳定；垃圾抓斗吊车轨顶标高 37.4m，起重机跨度 38m。在垃圾卸料门上方，标高 28m 处设垃圾抓斗吊车控制室。操作人员在控制室里对抓斗吊车运行及卸料门的启闭进行控制。

3.2.2 垃圾焚烧系统

垃圾焚烧系统包括：炉前给料系统，焚烧炉，燃烧空气系统，辅助燃烧系统等。

3.2.2.1 炉前给料系统

每台垃圾焚烧炉都配有垃圾进料斗、溜槽和给料器，进料斗内的垃圾通过溜槽落下，由给料器均匀布置在炉排上。给料器根据余热锅炉负荷和垃圾性质调节给料速度。进料斗底部设密封性能良好的隔离闸门，在必要情况下将进料斗与焚烧炉垃圾入口隔离。

垃圾在给料过程中被挤压后会析出一定量的渗滤液，因此焚烧炉给料器下面设计有渗滤液收集斗，将收集到的渗滤液通过母管排至垃圾库的渗滤液收集池。

3.2.2.2　垃圾焚烧炉

项目焚烧炉采用多级机械炉排炉，炉膛体积为 530m^3，主要技术参数见表 3-1。

表 3-1　焚烧炉主要技术参数

序号	项　　目	单位	数据
1	焚烧炉单台处理量	t/h	31.25
2	设计入炉垃圾低位热值	kJ/kg	7955
3	入炉垃圾低位热值范围	kJ/kg	4605~9402
4	焚烧炉年正常工作时间	h	8000
5	垃圾在焚烧炉中的停留时间	h	2
6	烟气在焚烧炉高温区的停留时间	s	2
7	燃烧室烟气温度	℃	大于 850
8	助燃空气过剩系数		1.8
9	助燃空气温度	℃	220/150
10	焚烧炉允许负荷范围	%	70~110
11	焚烧炉经济负荷范围	%	70~110
12	燃烧室出口烟气中 CO 浓度（标准状态下）	mg/m^3	小于 50
13	燃烧室出口烟气中 O_2 浓度	%	6~12
14	焚烧炉渣热灼减率	%	不大于 3

3.2.2.3　燃烧空气系统

燃烧空气系统包括一次风系统、二次风系统。一次风从垃圾库抽取，二次风在除渣机出口处和炉后给料平台处各设一个吸风口。一、二次风系统都由风机、预热器、风管及支架组成。

为了对垃圾起到良好的干燥及助燃效果，一次风空气进入焚烧炉之前，先通过蒸汽式空气预热器加热，然后从炉排下的风室（灰斗）经过炉排片的风孔进入炉膛，对垃圾进行干燥和预热，同时也起到对炉排片的冷却作用。同时，为了提高燃烧效果及保持燃烧室的温度，在焚烧炉的前后拱喷入加热后的二次风，以加强烟气的扰动，延长烟气的燃烧行程，使空气与烟气充分混合，保证垃圾燃烧更彻底。

一、二次风风量较大，因此风机安装有消音器以降低噪声。一、二次风的加热均采用蒸汽式空气预热器。

焚烧炉两侧墙与垃圾直接接触，局部温度较高。对两侧墙的保护采用冷却风的方式。侧墙是由耐火砖砌成的中空结构，炉墙外部安装保温层。冷却风从侧墙下部进入，流经耐火砖墙，达到冷却炉墙的目的。冷却风由单独设置的冷却风机提供，便于启停炉控制。

为满足炉膛中烟气在850℃以上、停留时间2s以上的监测，余热锅炉炉膛设置不少于3×3个的温度测点，即在炉膛烟气高温区域分三层布置，每层不少于3个炉膛温度测点。

3.2.2.4 辅助燃烧系统

辅助燃烧系统包括点火和辅助燃烧设施，燃料为0号轻柴油。每台焚烧炉共3台燃烧器，其中1台启动燃烧器，2台辅助燃烧器。启动燃烧器布置在炉膛的侧壁，其作用是用于焚烧炉由冷态启动时的升温和停炉时维持炉膛出口的温度。辅助燃烧器布置在炉膛的后墙，其作用是在生活垃圾热值低于4600kJ/kg时，保证焚烧炉炉膛烟气温度高于850℃、停留时间不少于2s。

3.2.3 热力系统

热力系统主要设备包括余热锅炉系统、汽轮发电机组，辅助设备包括凝汽器、除氧器、排污扩容器、除氧用减温减压器及旁路系统等。

余热锅炉为单筒型、卧式自然循环式水管锅炉，选用声波清灰装置。汽包水通过布置在锅炉管屏外侧的下降管进入下集箱，再进入锅炉管屏和蒸发器吸收烟气热量后返回汽包。余热锅炉蒸汽的参数为6.4MPa、450℃，锅炉给水温度为130℃，焚烧炉最大垃圾处理量时的蒸汽产量为75.95t/h(不含汽包抽汽量5.6t/h)。余热锅炉主要参数见表3-2。

表3-2 余热锅炉主要参数

序号	项 目	单位	参数
1	余热锅炉过热蒸汽温度	℃	450
2	余热锅炉过热蒸汽压力	MPa	4
3	单台锅炉过热蒸汽额定流量	t/h	68.61
4	余热锅炉排烟温度	℃	200
5	余热锅炉给水温度	℃	130
6	焚烧炉-余热锅炉热效率	%	80.5
7	年运行时间	h	大于8000

垃圾焚烧发电厂配2套30MW纯凝式汽轮发电机组，发电机出口电压为10.5kV。汽轮机采用次高温中压单缸凝汽式汽轮机，汽机进汽压力为3.80MPa，进汽温度为445℃。以年入厂垃圾量82.125万吨、渗滤液含量为20%计算，设计工况下入炉垃圾热值7110kJ/kg，项目年发电量为2.899×10^{8}kW·h，年上网电量为2.29×10^{8}kW·h，折合每吨入炉垃圾上网电量为278.8kW·h。汽轮机和发电机的主要参数分别见表3-3和表3-4。

表 3-3 汽轮机主要参数

序号	项　目	单位	参　　数
1	数量	台	2
2	额定功率	MW	25
3	汽机额定进汽量	t/h	105
4	主汽门前蒸汽压力	MPa	3. 80
5	主汽门前蒸汽温度	℃	445
6	抽汽级数		3 级非调整抽汽（1 空气预热器+1 除氧器+1 低压加热器）
7	给水温度	℃	130
8	设计冷却水温度	℃	27

表 3-4 发电机主要参数

序号	项　目	单　位	参　数
1	数量	台	2
2	额定功率	MW	30
3	出口电压	kV	10. 5
4	额定转速	r/min	3000
5	功率因数		0. 8
6	频率变化范围	Hz	48. 5～50. 5
7	冷却方式		空气冷却
8	发电机效率	%	大于 97

3. 2. 4 烟气净化系统

每台焚烧炉配备 1 套烟气处理系统，烟气净化工艺为：SNCR+半干法+干法+活性炭喷射+袋式除尘器+SGH+SCR 系统+GGH+湿法系统，工艺流程如图 3-6 所示，其中袋式除尘器出口烟气温度为 150℃，SGH 将袋式除尘器出口 150℃烟气加热至 180℃后进入 SCR 系统脱硝，脱硝后烟气经过湿法脱酸系统处理后通过引风机排放。该系统为三级脱酸、两级脱氮，可确保烟气中的 NO_x、酸性气体（HCl、HF、SO_x）、二噁英、粉尘颗粒物及重金属等污染物浓度优于国标《生活垃圾焚烧污染控制标准》（GB 18485—2014）和欧盟 2010（Directive 2010/75/EU）的标准。

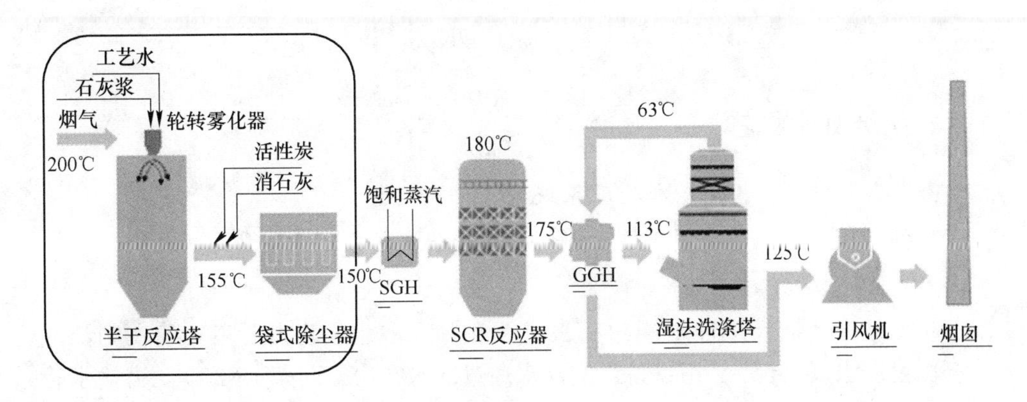

图 3-6　垃圾焚烧发电厂烟气净化流程

3.2.5　灰渣处理系统

根据《生活垃圾焚烧污染控制标准》（GB 18485—2014），焚烧炉渣与除尘设备收集的焚烧飞灰分别进行收集、储存和运输。

3.2.5.1　炉渣收集和处置

垃圾经充分燃烧后，在焚烧炉排端头燃尽的炉渣由出渣灰斗落入除渣机。除渣机为液压推杆式，冷渣方式为水冷。液压驱动的推斗体在除渣机腔体内来回往复运动，冷却后的炉渣随着推斗体的运动向上缓慢移动，经过一段距离的移动及脱水后排出除渣机。焚烧炉漏渣由炉排落渣输送装置收集、输送至除渣机，炉渣由鄞州区城管局统一协调处置。

3.2.5.2　飞灰收集、贮存和处置

飞灰主要指余热锅炉下收集的灰渣和布袋除尘器收集的粉尘。生活垃圾焚烧飞灰属于危险废物，飞灰经处理稳定化后，若满足《生活垃圾填埋场污染控制标准》（GB 16889—2008）的进场要求，可进入生活垃圾填埋场填埋。

项目选用水泥-稳定剂固化工艺进行飞灰固化。飞灰固化设备主要有灰库、盘式定量给料机、可变速螺旋给料机、飞灰混炼机、螯合剂供给装置和养生皮带输送机。设备采用全密封设计，有效防止有飞灰外扬。设备还配有通风加热系统，防止稳定化产物结露并适当烘干。所采用飞灰固化工艺中水泥、水和螯合剂的添加量分别为飞灰量的 10%、30%和 2%。飞灰经过稳定化处理后，达到《生活垃圾填埋场污染控制标准》（GB 16889—2008）相关标准后送至鄞州区生活垃圾填埋场专区填埋处置。飞灰固化物的运输使用专用运输工具，并在运输过程中防止漏泄。

3.3 垃圾焚烧厂水处理工程

3.3.1 给水处理工程

3.3.1.1 循环水补充水处理系统

生活垃圾焚烧发电项目采用一体化净水器净化河水，供给循环水补水。

A 系统概况

生活垃圾焚烧厂厂址东侧约 2.5km 为剡江，取水泵房（1 座）建在剡江左岸，内设取水泵 3 台，2 用 1 备，剡江水通过取水泵房经两条 DN300 压力输水管沿垃圾运输专用线输送到厂区，取水泵站位置及取水管线走向如图 3-7 所示。设计最大取水量为 6500t/d，工业新水采用净化后的江水，净化后的江水主要供给循环水补充水，循环水补充水水量为 5683.3m^3/d。

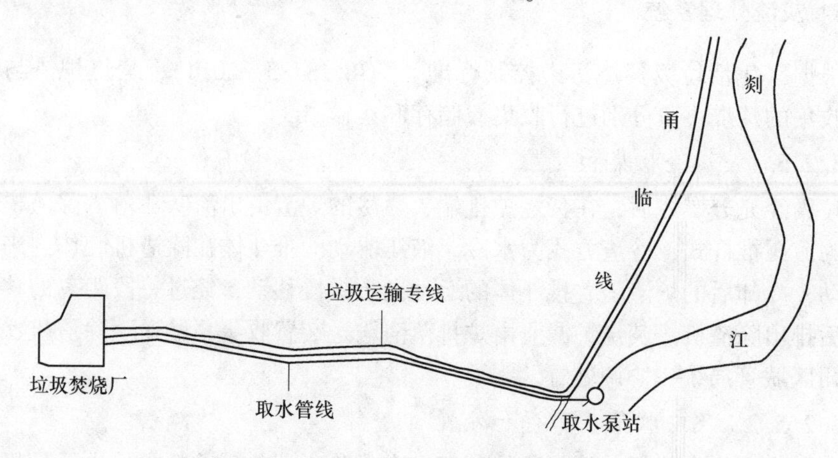

图 3-7 系统取水管线

泵入厂区的江水经水表计量，投加混凝剂和助凝剂，经一体化全自动反冲洗净水器处理、消毒后，储存在工业消防水池中，再经工业新水泵输送到厂区内冷却塔集水池（图 3-8）。

厂区工业新水管道枝状布置，采用焊接钢管，承插柔性连接，布置在检漏管沟内，埋深 1m 左右，分别引至厂区各用水点，干管管径为 DN250。工业消防水池总有效容积为 2800m^3，分成等容积的 2 座水池，储存全厂循环水补充水及消防用水。综合水泵房内设工业新水泵 2 台，流量 $Q=120m^3/h$，扬程 $H=30m$，轴功率 $P=18.5kW$，1 用 1 备，变频。

净水系统配备一体化自动反冲洗净水器 2 台，单台处理水量 300m^3/h，1

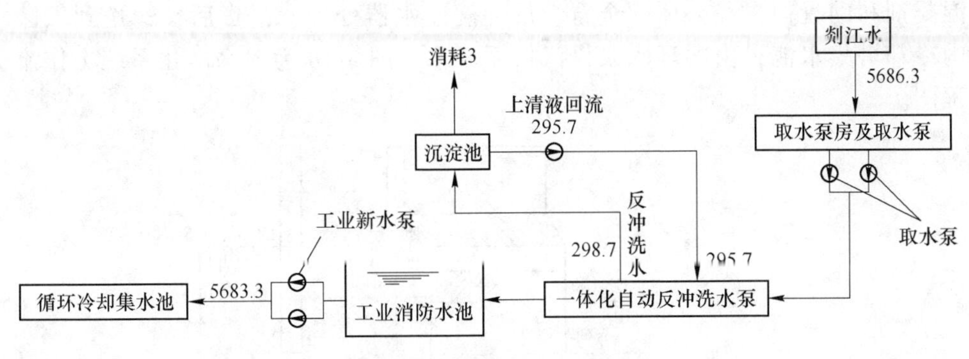

图 3-8 系统流程及水量平衡

用 1 备。净水器集混合反应、混凝沉淀、过滤出水为一体，通过设备自身的特殊装置结合电气控制自动完成加药、配水、排污泥、反冲、排污等运行程序。反冲洗水及排泥水经沉淀池收集后，污泥送入污水处理站污泥处理系统，上清液回流再处理。

B 系统平面布置

生活垃圾焚烧发电厂给水处理系统（图 3-9）主体部分是一体化净水器，其主要功能是为循环水系统提供循环水补给水。

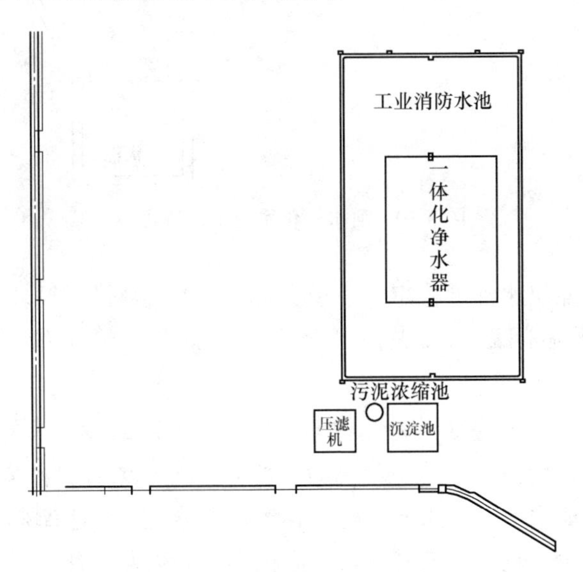

图 3-9 给水处理系统平面布置图

C 系统工艺流程

河水净化系统工作流程为：经取水泵泵入厂区的江水经水表计量，投加混凝剂和助凝剂，经一体化全自动反冲洗净水器处理、消毒后，输送到厂区内冷却塔集水池，由循环水泵供汽机循环水。图3-10为河水净化系统工作流程图。

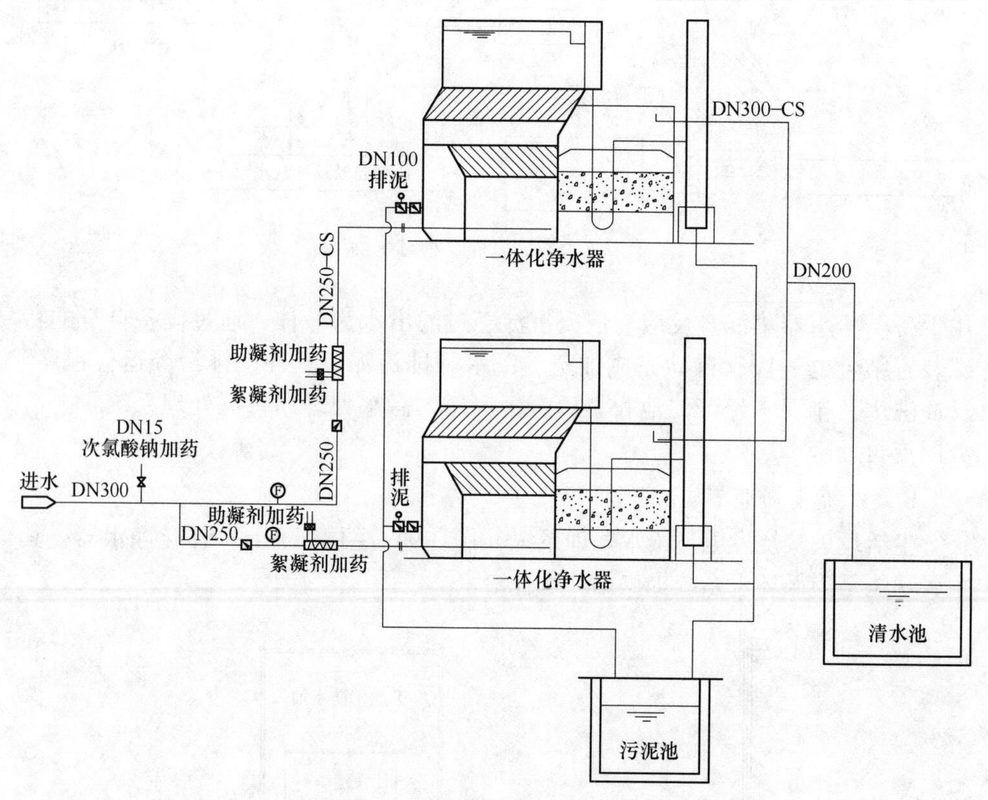

图3-10 河水净化系统工作流程图

一体化净水器出水浊度稳定并小于3mg/L，大大减轻了循环水稳定处理的负担，既解决了泥垢问题，又提高了阻垢处理效果，还节约了水质稳定剂的费用[1]。

D 一体化净水器组成及净水原理

一体化净水器的组成主要包括高效反应室、沉淀室、过滤室、污泥贮藏室、高位水箱、底部清水区、清水箱、虹吸管等（图3-11)，处理效果好，出水水质优良，自耗水量少，动力消耗省，占地面积小，无须人工管理。

一体化净水装置和城市供水厂的净化流程一样，它集混凝、沉淀、过滤、反冲洗为一体，其主要工艺段如下[2]。

a 高效反应室（混凝池）

投加混凝剂的原水由进水管进入混凝池内，使水中的悬浮物和混凝剂充分接

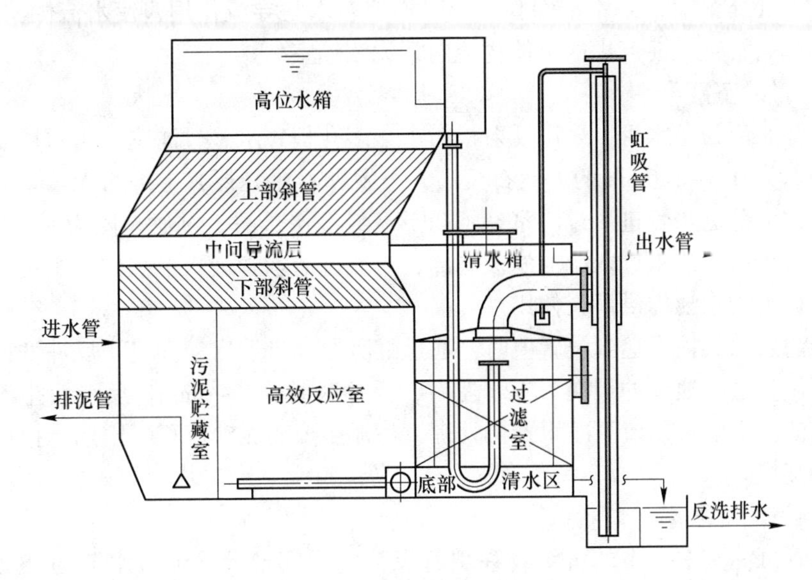

图 3-11 一体化净水器简图

触反应形成矾花。此处底部布设布水器，使投混凝剂脱稳后的胶体颗粒有充分接触碰撞的几率，又不至于使形成的较大的絮凝颗粒破碎。

混凝剂可以采用聚合氯化铝（PAC）、絮凝剂采用阴离子型聚丙烯酰胺（PAM）。

b 沉淀室（沉淀池）

水经加混凝剂混凝后形成矾花，流入设备的沉淀池内进行沉淀，沉淀池采用斜管沉淀法，经过梯形斜板沉淀室沉淀完成固液分离，沉淀下来的污泥排入泥斗送至污泥处理站处理。

净水器沉降区分为上下两部分，依据浅层沉淀理论，设置了斜管以加速沉降。下部沉降快，并形成了大颗粒状絮体，具有一定的稳流作用；在两层斜管之间由于水流方向的改变，会增加小颗粒絮体间的碰撞机会，在流经下层斜管时，将进一步提高水质；在沉降池的清水区，有一部分悬浮物存在，该设备设置了一挡板及浮渣槽，浮渣通过溢流口定期排放。沉淀池污泥一部分回流絮凝反应池，剩余污泥部分进入污泥区，定期外排。

（1）上部斜管组。该区属于絮凝沉淀（干涉沉淀），在沉淀过程中，颗粒与颗粒之间互相碰撞产生絮凝作用，使颗粒的粒径与质量逐渐增大，沉降速度不断加快，产生的沉淀物随斜管中水流输送至中间导流层。

（2）中间导流层。在此处，上部斜管组沉淀产生的沉淀物，随来自下部斜管组的具有倾斜水力的水流，流入污泥浓缩室部分。

（3）下部斜管组。下部斜管主要起均匀布水与导流作用，使水流侧向流动，推动上部斜管组沉淀产生的沉淀物流向污泥浓缩室。

c 过滤室

滤池底部为布水管，采用反射板布水，多孔板集水。过滤室采用双层滤料形式，中部为0.5~1.0mm的天然石英砂，下置卵石承托层，上部为无烟煤。沉淀后的水由上部进水管进入过滤室，水向下流经滤层过滤，过滤速度为8~10m/h。悬浮物被截留，清水进入滤池滤板底部，再通过清水管进入上部的清水箱。最后流至工业消防水池内供厂区使用。

当滤层水头损失达到设置值时，通过虹吸原理自动启动和终止反冲洗，反冲强度可调。过滤池反冲周期为12h左右，反冲时间为4~6min。反洗及排泥水进入沉淀池，上清液回流至净水器再处理，污泥主要为泥沙沉积，定期清挖后送至垃圾仓焚烧。

d 污泥浓缩室（贮藏室）

斜管沉淀室中产生的沉淀物在斜管沉淀室中间部分导流区水流的推动作用下，沉积到污泥浓缩室，此处设有电动磁阀，用以排泥。并设有压力水冲洗（此处低端可设置斜板，防止死角产生）。

e 高位水箱

高位水箱上部设有溢流堰，主要起到水量调节的作用，使得水流稳定均匀，保证设备的稳定运行。

f 底部清水区

底部清水区是作为高位水箱与清水箱之间的中间连接部分。

g 清水箱

此部分主要作用是存储经过滤后的清水，清水从清水箱中流出，完成箱体部分的净化。反冲洗水也是来自清水箱，清水箱的内部设置了可调节的虹吸破坏斗，用以调整反冲时间。

h 虹吸管系

一体化净水器上虹吸管部分的主要作用在于当滤料层截留物淤积到一定程度时，自动诱发反冲洗，冲洗结束时，自动破坏虹吸，继续过滤。

一体化净水器通过虹吸作用进行自动反冲洗，原理（图3-12）和步骤如下[2]。

（1）随着过滤室中过滤作用的不断运行，滤料内部和表面的滤渣开始慢慢形成淤积，与之相应的，通过U形布水管（图3-11）的进水透过滤料所需的压力逐渐增大。

（2）当透过滤料所需的压力超过从高位水箱溢流堰到滤料表面之间的水柱形成的压力时（$p=\rho gh$），高位水箱中的进水将不再透过滤料，而是直接进入虹

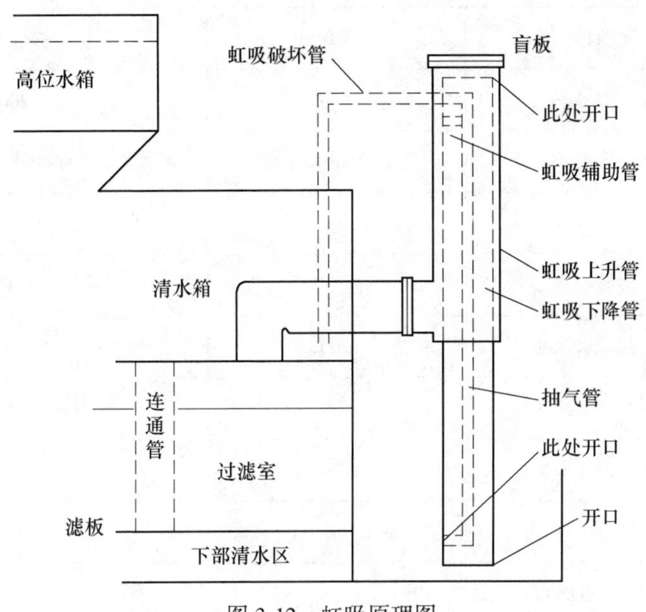

图 3-12 虹吸原理图

吸上升管。

(3) 随着虹吸上升管中的水位不断上升，当水面达到虹吸辅助管的管口时，水自该管落下，依靠水流抽气和挟气作用使虹吸管真空增大；同时，虹吸下降管中的液面由于真空的作用，也会不断上升，这进一步挤压了虹吸管中的空气，空气全部通过抽气管排走。最终，虹吸上升管与虹吸下降管中的水面接触，形成连续虹吸作用。

(4) 随着虹吸作用的进行（此时，高位水箱中的进水流速不变），过滤室中滤料上部的压力骤降，在下部清水区压力不变的情况下，下部清水区中的清水开始穿过滤板进入滤料层，对滤料进行反冲洗。与此同时，清水箱中的清水穿过连通管进入下部清水区。反冲洗产生的废水通过虹吸上升管后，进入虹吸下降管，然后排走。

(5) 随着反冲洗的进行，清水箱中的水位不断下降，当其水位下降到虹吸破坏管管口以下时，气体进入虹吸破坏管，管口与大气相通，这导致虹吸管中的真空破坏，反洗结束，过滤重新开始。

E 系统设备参数

系统采用 2 套一体化全自动净水器，经处理后的出水供给厂用循环水和工业水。全自动一体化净水器单台处理水量 300t/h，1 用 1 备。一体化净水器参数见表 3-5。

表 3-5 一体化净水器参数

序号	项目	单位	参数
1	型号		FA-300
2	外形尺寸	mm×mm×mm	20000×4600×4200
3	本体材质		普通碳素结构钢（Q235-B）
4	防腐形式		内部环氧煤沥青
5	适用原水浊度	mg/L	不大于 2000
6	净水出水浊度	mg/L	不大于 3
7	单台设计水量	m^3/h	300
8	沉淀区表面负荷	$m^3/(m^2 \cdot h)$	7~8
9	过滤区滤速	m/h	8~10
10	滤池冲洗强度	L/m^2	14
11	总停留时间	min	40~50
12	进水压力	MPa	不小于 0.1
13	单格滤池冲洗时间	min	4~6

3.3.1.2 除盐水制备系统

A 系统概况

生活垃圾焚烧发电项目设置 2 套 $30m^3/h$ 的除盐水处理装置，采用“预处理+二级反渗透（RO）+电除盐（EDI）”工艺路线，这是目前最环保和经济的制备工艺。

系统产水能力为 2×30t/h，两条线需要在不超出膜处理设备的保养期内定期轮换运行；厂区出现最不利工况时，化水系统需要同时两条线满负荷运行。

除盐水制备系统进水采用市政自来水，工业用水及消防备用水作为化水原水的备用水源，由除盐出水供给锅炉补给水、水环真空泵补水、加药用水和选择性非催化还原（SNCR）稀释水（图 3-13）。

除盐水制备系统出水质量标准执行国家标准《火力发电机组及蒸汽动力设备水汽质量》（GB/T 12145—2016）中的高一级规定（表 3-6）。

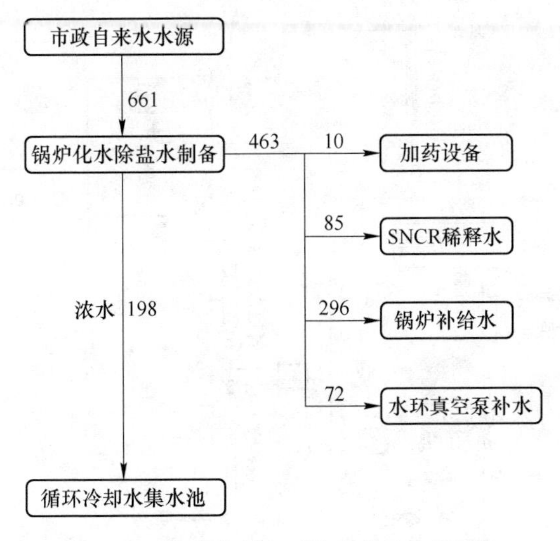

图 3-13　除盐水制备系统流程及水量平衡

表 3-6　除盐水制备系统出水质量控制标准

项目名称	单位	水质要求
电导率	μS/cm	不大于 0.20
总硬度	μg/L	约为 0
SiO_2	μg/L	不大于 20

B　工艺流程

除盐水的制备流程（图 3-14）为：原水箱→超滤进水泵→换热器→盘式过滤器→超滤装置→超滤水箱→一级 RO 进水水泵（还原剂加药装置+阻垢剂投加装置）→保安过滤器→一级 RO 增压泵→一级 RO 装置→一级 RO 产水箱→二级 RO 增压泵（pH 调节加药）→二级反渗透装置→RO 产水箱→EDI 进水泵→保安过滤器→EDI 系统→除盐水箱→除盐水泵（加氨水）→外供。另外还设置有超滤反洗装置一套，超滤、RO、EDI 公用的化学清洗装置一套。

系统设有五个加药单元：（1）杀菌剂加药；（2）超滤反洗加酸；（3）RO 进水阻垢剂；（4）RO 进水还原剂；（5）二级 RO 进水 pH 值调节加碱剂。在“二级反渗透+EDI”系统中，二级反渗透设计以去除 CO_2 和 SiO_2 为主，而非脱盐率。去除 CO_2 和 SiO_2 均需要保证二级反渗透进水有较高的 pH 值。由于进水 pH 值的波动，以及 pH 值连锁的滞后响应，二级反渗透进水 pH 值较难控制在理论值 8.35 左右，现场 pH 值实际控制在 9.3~9.6，较能确保 EDI 装置产水水质[3]。

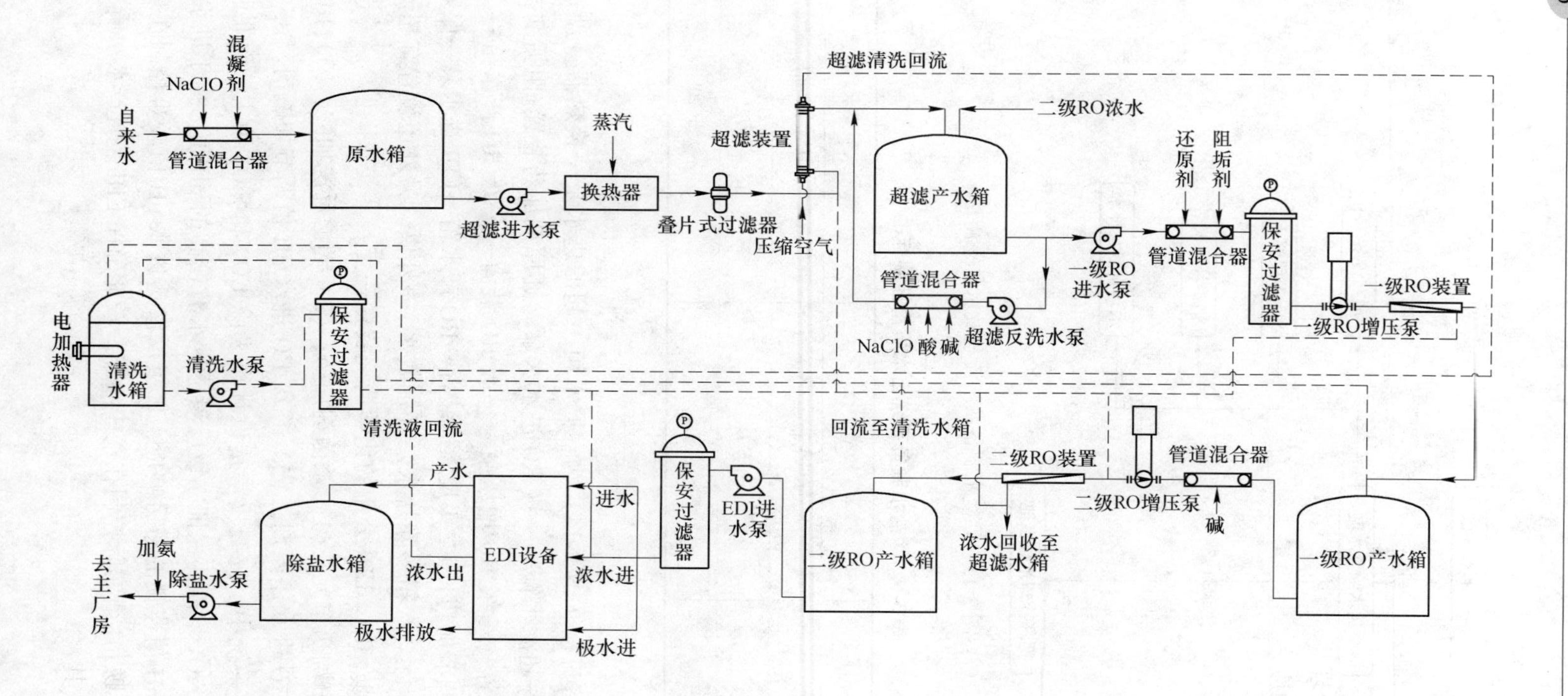

图3-14 除盐水的制备流程

C 系统平面布置

除盐水处理间设有原水箱、盘式过滤器、超滤水泵、超滤装置、缓冲水箱、中间水箱、保安过滤器、高压泵、二级反渗透装置、EDI 升压泵、EDI 装置、除盐水箱及加药装置等设备。除盐水制备系统平面布置如图 3-15 所示。室内地面及排水沟做防腐处理。原水箱内水应定期进行检测、替换，以免影响化学水处理效果。化水车间的废水储存在浓水箱中，经水泵加压后作为循环水补充水回用。

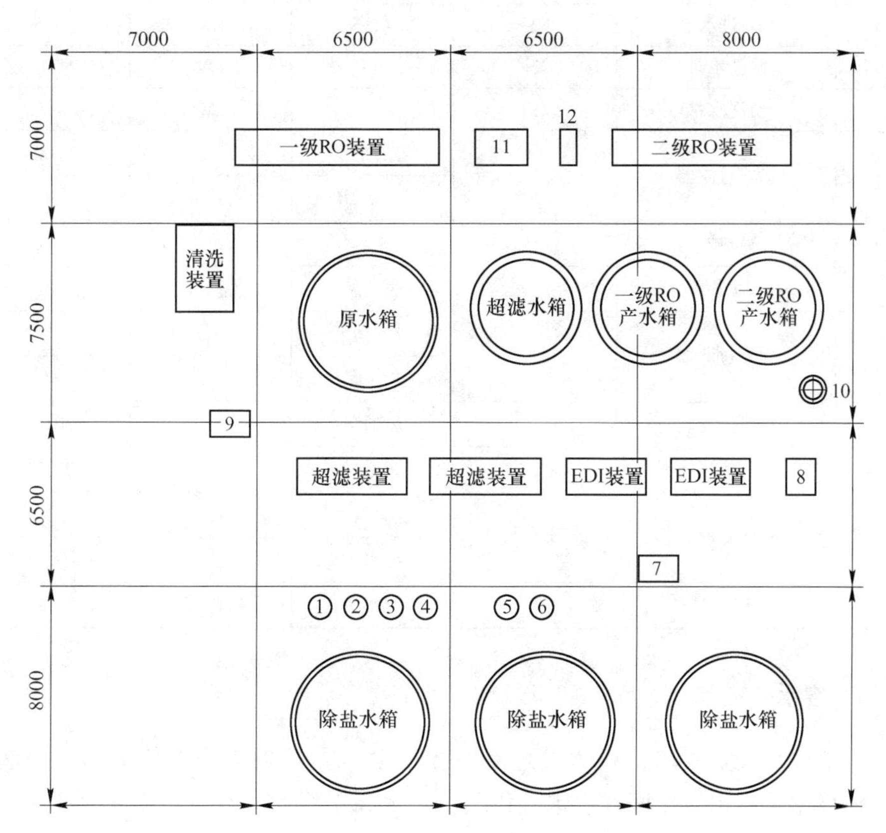

图 3-15 除盐系统平面布置图（图中尺寸标注单位为 mm）

1—絮凝剂加药装置；2—还原剂加药装置；3—阻垢剂加药装置；4—次氯酸钠加药装置；5—碱加药装置；6—酸加药装置；7—加氨装置；8—EDI 过滤器；9—过滤器；10—空气储罐；11—一级高压泵；12—二级高压泵

D 系统设备参数

系统主要设备有超滤进水泵、RO 增压泵、EDI 进水泵、除盐水泵、清洗水泵、盘式过滤器、换热器、超滤装置、保安过滤器、反渗透装置、EDI 保安过滤器和 EDI 装置等，其台（套）数及参数见表 3-7。

表 3-7 除盐水制备系统主要设备清单及参数

序号	设备名称	台（套）数	项目	单位	参数
1	超滤进水泵	2	功率	kW	5.5
2	一级高压泵	2	功率	kW	30
3	二级增压泵	2	功率	kW	4
4	二级高压泵	2	功率	kW	18.5
5	EDI 进水泵	2	功率	kW	5.5
6	除盐水泵	2	功率	kW	11
7	清洗水泵	1	功率	kW	4.0
8	盘式过滤器	1	过滤精度	μm	100
			出水量	m^3/h	40
9	换热器	1	流量	m^3/h	40
10	超滤装置	1	膜通量	m^3/h	40
11	保安过滤器	2	过滤精度	μm	5
			出水量	m^3/h	40
12	一级反渗透装置	1	膜通量	m^3/h	30.86
13	二級反滲透装置	1	膜通量	m^3/h	27.78
14	EDI 保安过滤器	1	过滤精度	μm	1
			出水量	m^3/h	27.78
15	EDI 装置	1	产水量	m^3/h	25

3.3.2 废水处理工程

生活垃圾焚烧发电厂污水处理系统主体部分是垃圾渗沥液处理站，生活污水、垃圾车洗车水、车间冲洗水、化验室排水和初期雨水均汇集垃圾渗沥液处理站一并处理，除盐系统废水、冷却塔排污水和锅炉排污水则直接回用或梯级利用，只有洗烟废水在车间内处理后，淡水回用，浓水并入垃圾渗沥液处理站。

3.3.2.1 渗沥液处理系统

A 平面布置与水平衡

垃圾渗沥液处理站布置在主厂房和厂区南侧厂界之间。按工艺流程，从东至西依次布置调节池、反应罐、加温池、厌氧池、A/O 池、深度处理车间（膜处理系统）（图 3-16）。调节池邻近垃圾磅房和垃圾储坑，有利于渗沥液收集；深度处理车间（膜处理系统）靠近工业消防水池，便于膜处理系统反渗透淡水回用于循环冷却水补充水。

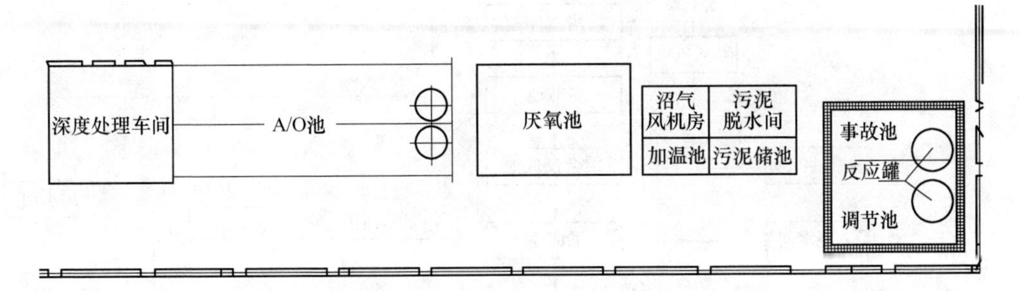

图 3-16　渗沥液处理系统平面布置图

渗沥液处理系统水平衡图如图 3-17 所示，垃圾焚烧发电厂的渗沥液、栈桥冲洗水、车间地坪冲洗水、生活用水和化验室用水均汇集至渗沥液处理站处理，处理后的淡水作为循环水补给水回用，浓水用作烟气净化工艺用水或回喷至炉膛焚烧。

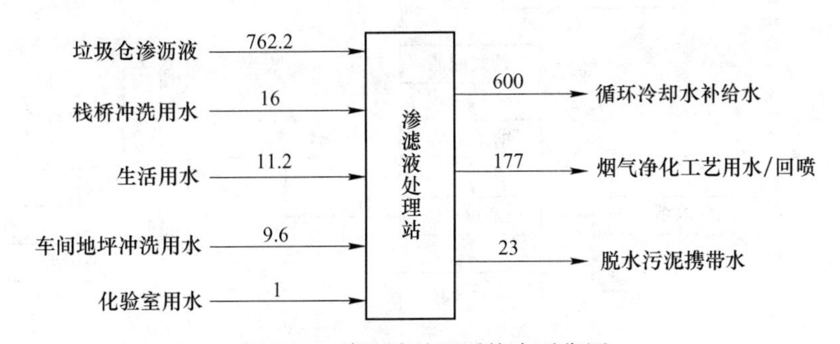

图 3-17　渗沥液处理系统水平衡图

B　工艺流程与系统组成

渗沥液污水站处理工艺为物化+生化+深度处理组合方法[4]，其工艺流程如图 3-18 所示。

渗沥液从垃圾仓收集池由泵提升经过过滤器后进入调节池，池内分设 6 台潜水搅拌器，然后通过提升泵进入渗沥液处理系统，渗沥液处理系统包括预处理系统（除臭系统）→厌氧处理系统（沼气利用系统）→MBR 膜生物反应系统（缺氧/好氧工艺+超滤）→膜深度处理系统及污泥处理系统。

a　预处理系统

渗沥液由调节池提升泵送入混合反应池，在混合反应池投加碱性溶液及混凝、助凝试剂进行混凝处理，反应后的混合液进入竖流沉淀池沉淀，沉淀的污泥排至污泥浓缩池，上清液自流至加温池，再通过加温池提升泵进入后续厌氧系统。

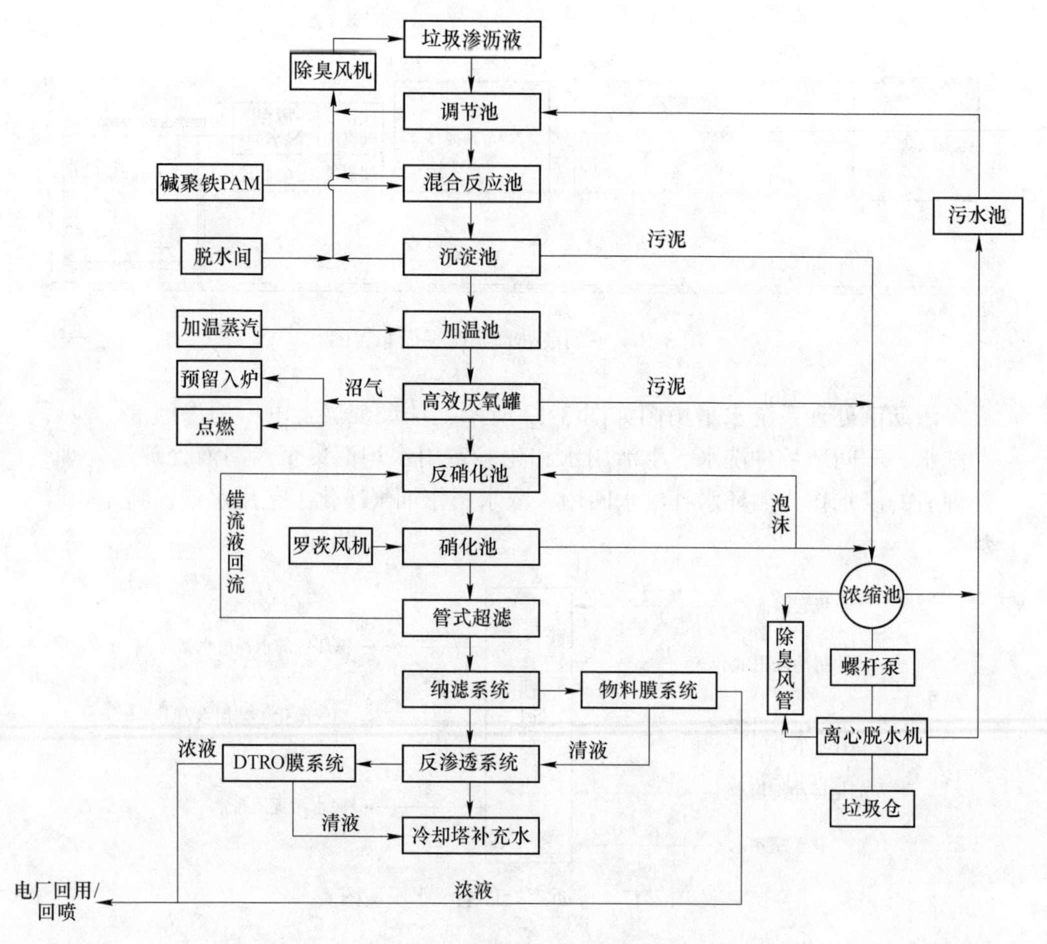

图 3-18 渗沥液处理工艺流程示意图

b 厌氧处理系统

加温池出水进入厌氧罐进行厌氧生物处理。厌氧系统采用高效的内外循环厌氧反应器（IOC），渗沥液由厌氧罐底部进入，以一定流速自下向上流动，厌氧过程中产生的大量沼气使渗沥液与活性污泥充分混合，所产生的沼气在顶部汽水分离罐分离后排出，污泥被三相分离器截留于罐体内，处理后的出水从上部溢流进入 A/O 系统，剩余污泥排至污泥浓缩池。

c 膜生物反应系统

MBR 膜生物反应系统由缺氧/好氧系统（A/O）和超滤系统组成，缺氧/好氧工艺主要起反硝化/硝化作用，厌氧出水进入 A/O 系统去除剩余有机污染物，并利用硝化、反硝化作用去除污水中大部分氨氮，A/O 系统出水进入超滤系统，超滤膜截留的混合液回流至缺氧池（反硝化池），A/O 系统剩余污泥排至污泥浓缩池。

d 膜深度处理系统

膜深度处理系统包括纳滤和反渗透。膜生物反应系统的超滤出水进入纳滤系统处理，纳滤出水进入反渗透系统。反渗透产水作为循环水补充水，纳滤浓水作为捞渣机补充水，反渗透浓水可用于半干法石灰制浆、飞灰螯合以及回喷至焚烧炉焚烧。

e 污泥处理系统

竖流沉淀池、厌氧系统、好氧系统排放的污泥进入污泥浓缩池。浓缩污泥经螺杆泵送至离心机脱水，脱水污泥输送入焚烧炉焚烧；离心水进入污水池，与浓缩池溢流进污水池的上清液一并进入混合反应池。

C 各子系统功能及参数

a 调节池

调节池主要用于接纳来自垃圾仓内的渗沥液和厂区的生产、生活污水。由于设计池容较大，能起到调节水量、均化水质，缓解系统冲击负荷的作用。调节池进水处设置了过滤器，能截留大颗粒悬浮物；池内设置了潜水搅拌器，以保持整池的内部循环流动，避免池内产生泥沙的沉淀沉积，造成池容损失。

(1) 结构型式：半地下式钢筋混凝土结构。共三个池，每个池内设置两台呈对角位置的潜水搅拌器，外设进、出水管道，可根据需要单独或同时进水。

(2) 调节池尺寸：2 座大池：25.7m×20m×6.5m；1 座小池：20m×17.5m×6.5m。

(3) 设计总有效容积：$V=8268m^3$。

(4) 水力停留时间（HRT)：8.36d。

b 预处理系统

预处理系统由混合反应池、沉淀池、加温池联体构成，配有加药搅拌装置、中心筒、污水提升泵、排泥泵、蒸汽加温等装置。通过在混合反应池内投加混凝剂和助凝剂，使水中悬浮物混凝，絮体吸附部分难以生物降解的有机物和重金属离子。混凝后的混合液从沉淀池中心筒进入沉淀池沉淀，沉淀污泥排至污泥浓缩池，上清液溢流进入加温池。

(1) 池尺寸：

混合反应池：9m×3m×3m，材质为防腐的普通碳素结构钢（Q235)，直径$d=10mm$，钢接料采用45°斜接；

沉淀池：7.5m×7.5m×7.5m；

加温池：7.5m×4.1m×7.5m。

(2) 搅拌器：

混合池搅拌器：1 台桨叶搅拌器，搅拌桨直径 800mm，转速 84r/min，功率 3kW；

反应池搅拌器：2 台框式搅拌器，搅拌桨直径 2500mm，转速 5. 2r/min，功率 0. 75kW；

$FeCl_3$ 加药搅拌器：2 台桨叶式搅拌器，功率 0. 55kW；

PAM 加药搅拌器：2 台桨叶式搅拌器，功率 1. 5kW。

（3）计量泵：

碱计量泵：2 台（一用一备）；流量：25L/h；压力：1. 2MPa；功率：0. 25kW；

$FeCl_3$ 计量泵：2 台（一用一备）；流量：50L/h；压力：1. 0MPa；功率：0. 25kW；

PAM 计量泵：2 台（一用一备）；流量：240L/h；压力：0. 7MPa；功率：0. 25kW。

（4）电动葫芦：起重量 1t，轨距 5. 58m，起吊高度 6. 2m。

（5）沉淀池排泥泵：3 台（两用一备）；流量：$28m^3/h$；扬程：12. 5m；功率：5. 5kW。

（6）厌氧供水泵：3 台（两用一备）；流量：$40m^3/h$；扬程：35m；功率：15kW。

c　厌氧反应系统

厌氧生物反应系统选用升流式反应器（UASB），4 个厌氧罐（图 3-19）采用并联进水方式，厌氧罐内设气、固、液三相分离器，进水布水管，污水内循环管道。通过投放活性污泥、驯化培养产酸菌、甲烷菌等微生物细菌，在中温条件下消化降解污水中的有机物质。

图 3-19　厌氧罐实物图

厌氧系统处理水量为原水量 $1000m^3/d$ 和回流水量 $450m^3/d$，进水及处理出水水质要求见表 3-8。

表 3-8 进水及处理出水水质要求

项目	$COD_{Cr}/mg \cdot L^{-1}$	$BOD_5/mg \cdot L^{-1}$	$SS/mg \cdot L^{-1}$
原水水质	≤60000	≤33000	≤6000
回流水水质	≤8000	≤3000	≤8000
出水水质	≤6500	≤3300	≤2400

（1）厌氧罐：

数量：4 套；

规格：ϕ1200mm×24000mm；

有效容积：$V=2600m^3$/台；

水力停留时间：7.17d；

设计进水有机物浓度（COD_{Cr}）：$50\sim60kg/m^3$；

设计容积负荷（COD_{Cr}）：$5\sim10kg/(m^3 \cdot d)$；

设计处理量：约为 $360m^3/(d \cdot 台)$；

外回流比 R：大于 300%。

（2）厌氧反应罐进水泵：3 台（一用两备）；流量：$Q=40m^3/h$；功率：$P=15.0kW$；扬程：$H=35m$。

（3）进水布水装置。布水装置与气水分离器连接，增加内循环效果。布水装置采用一管多孔式布水，孔口流速应大于 2m/s，穿孔管直径大于 100mm。配水管中心距反应器池底的距离为 150～250mm。布水装置共 4 套，规格为 DN100/50。

（4）出水集水装置。出水集水槽上加设三角堰，堰上水头大于 25mm。出水堰口负荷小于 $1.7L/(m \cdot s)$。集水装置共 4 套，规格为 200mm（宽）×250mm（高）。

（5）排泥装置。排泥装置共 4 套，规格为 DN125/80。

（6）三相分离器。设置 8 套双层三相分离器，下层三相分离器设置在反应器中部，上层三相分离器设置在反应器上部。沉淀区的表面负荷小于 $0.8m^3/(m^2 \cdot h)$。

（7）气液分离罐。设置 4 套气液分离器，规格为 ϕ1600mm×2500mm。

（8）水封罐。水封罐的主要作用是升压、阻火。此系统设置 4 套水封罐，规格为 ϕ800mm×2200mm。

d MBR 膜生物反应系统

MBR 膜生物反应系统由缺氧/好氧（A/O）系统与超滤系统组成，其工艺流程图如图 3-20 所示。采用两级 A/O 系统，A/O 系统由反硝化池、潜水搅拌器、

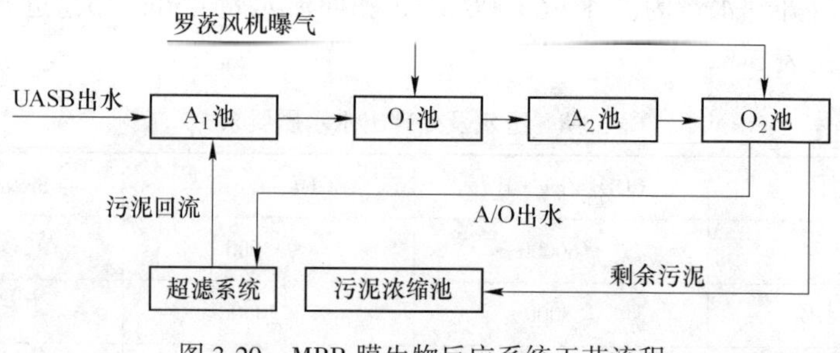

图 3-20 MBR 膜生物反应系统工艺流程

硝化池、冷却系统、曝气系统等组成；两级 A/O 系统采用超滤膜系统浓缩液回流方式进行硝化液回流，即超滤膜系统的浓缩液回流进入一级反硝化池。

缺氧/好氧系统（A/O）

A/O 工艺将前段缺氧段和后段好氧段串联在一起，A 段 DO 不大于 0.2mg/L，O 段 DO 为 2~4mg/L。在缺氧段异养菌将污水中的淀粉、纤维、碳水化合物等悬浮污染物和可溶性有机物水解为有机酸，使大分子有机物分解为小分子有机物，不溶性的有机物转化成可溶性有机物，当这些经缺氧水解的产物进入好氧池进行好氧处理时，提高好氧池污水的可生化性和氧的效率；在缺氧段异养菌将蛋白质、脂肪等污染物进行氨化游离出氨，在充足供氧条件下，自养菌的硝化作用将氨氮氧化为硝酸盐，通过回流控制返回至 A 池，在缺氧条件下，异氧菌的反硝化作用将硝酸盐还原为分子态氮完成 C、N、O 在生态中的循环，实现污水碳源污染物和氨氮的去除。

缺氧/好氧系统主要设备包括 4 台潜水搅拌器，2 台排泥泵，2 台消泡排泥泵，2 台换热器冷却装置。

A/O 池结构及工艺技术参数如下：

2 座 A/O 池，每座分 4 个系统格，A/O 池尺寸为 30.4m×30.3m×6.5m，有效水深为 5.5m。A 池水力总停留间为 2.94d，O 池水力总停留间为 6.72d，O 池采用阶梯式鼓风曝气。

超滤系统

超滤系统（图 3-21）由产水系统、清洗系统、远程控制系统、循环系统等所组成。超滤膜组件为管径 8mm 的管式膜，膜组件外径为 20.32cm，长度为 3.0m，膜面积 $27m^2$，膜数量为 24 支，每组选用 6 支，共 4 组超滤装置。该膜组件采用内压方式，使用亲水性、不易附着污染物、抗酸碱、耐腐蚀、有高过滤通量的 PVDF 材料。膜过滤方式为错流过滤，有效防止膜面污染。系统控制可实现远程、手动控制方式。在远程控制方式下，系统当中的所有设备动作均由 PLC 完成；在手动控制方式下，操作人员需在 PLC 控制面板下完成手动控制。

图 3-21 超滤系统实物图

（1）袋式过滤器：3 组袋式过滤器，壳体材质为 304 不锈钢，滤袋为不锈钢过滤网；工作压力为 0.2MPa，过滤精度为 0.63mm，尺寸为 ϕ0.9m×2.0m。

（2）超滤进水泵：4 台卧式离心泵，流量 $Q=230m^3/h$，扬程 $H=20m$，功率 $P=22kW$。

（3）超滤循环泵：4 台卧式离心泵，控制方式为变频控制，流量 $Q=264m^3/h$，扬程 $H=55m$，功率 $P=55kW$。

（4）超滤清洗泵：4 台卧式离心泵，流量 $Q=100m^3/h$，扬程 $H=20m$，功率 $P=11kW$。

（5）清洗罐：材质为聚乙烯（PE），容积 $V=3000L$。

e 膜深度处理系统

膜深度处理系统由纳滤系统、反渗透系统和碟管式反渗透（DTRO）系统组成。

纳滤系统

纳滤系统工艺流程如图 3-22 所示，实物图如图 3-23 所示。

纳滤系统分三套，每套有 3 个循环管路，每个循环管路有 2 支膜壳，每支膜壳内安装 6 支膜组件，纳滤膜组件采用卷式纳滤膜，每支膜组件长 1.016m，单支膜面积 $37m^2$，总膜面积 $4017.6m^2$。纳滤系统处理水量为 $1200m^3/d$，设计回收率为 80%~85%，每套纳滤装置产水约为 $367m^3/d$。系统控制可实现自动、手动控制方式。在自动控制方式下，系统当中的所有设备动作均由 PLC 完成；在手动控制方式下，操作人员需在 PLC 控制面板下完成手动控制。

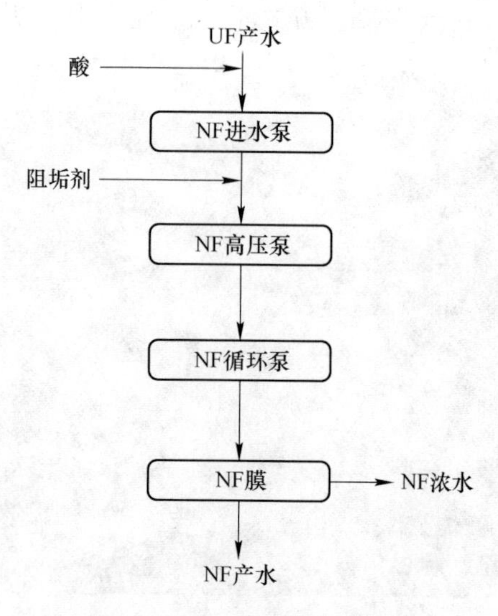

图 3-22　纳滤系统工艺流程

图 3-23　纳滤系统实物图

（1）纳滤进水泵：4 台纳滤进水泵，流量 $Q=22m^3/h$，扬程 $H=22m$，功率 $P=2.2kW$。

（2）纳滤清洗泵：2 台纳滤清洗泵，流量 $Q=54m^3/h$，扬程 $H=30m$，功率 $P=7.5kW$。

（3）纳滤增压泵：4 台纳滤增压泵，控制方式为变频控制，流量 $Q=22m^3/h$，扬程 $H=95m$，功率 $P=7.5kW$。

（4）纳滤循环泵：三组纳滤循环泵。

第一组：3 台 CRN45-1 高压泵，流量 $Q=48m^3/h$，扬程 $H=20m$，功率

$P=4.0\text{kW}$；

第二组：3 台 CRN32-2 高压泵，流量 $Q=32\text{m}^3/\text{h}$，扬程 $H=30\text{m}$，功率 $P=4.0\text{kW}$；

第三组：3 台 CRN20-3 高压泵，流量 $Q=32\text{m}^3/\text{h}$，扬程 $H=30\text{m}$，功率 $P=4.0\text{kW}$。

（5）袋式过滤器：流量 $Q=18\text{m}^3/\text{h}$，过滤精度 10μm，DN50/PN10 法兰。

反渗透系统

反渗透系统工艺流程如图 3-24 所示，实物图如图 3-25 所示。

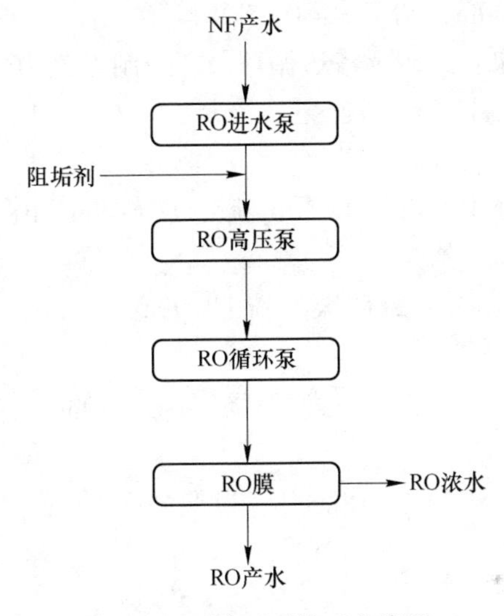

图 3-24　反渗透系统工艺流程

图 3-25　反渗透系统实物图

反渗透系统分三套，每套有3个循环管路，每个循环管路有2支膜壳，每支膜壳内安装6支膜组件，膜组件采用卷式膜，每支膜组件长1.016m，单支膜面积37.2m^2，总膜面积4017.6m^2。反渗透系统处理水量为960m^3/d，设计回收率为70%，膜清水量为672m^3/d，浓水产量为288m^3/d。

（1）反渗透进水泵：4台反渗透进水泵，流量Q=18.3m^3/h，扬程H=45m，功率P=5.5kW。

（2）反渗透清洗泵：1台反渗透清洗泵，流量Q=54m^3/h，扬程H=30m，功率P=7.5kW。

（3）反渗透增压泵：4台反渗透增压泵，控制方式为变频控制，流量Q=18.3m^3/h，扬程H=200m，功率P=18.5kW。

（4）反渗透循环泵：三组反渗透循环泵，控制方式为变频控制。

第一组：3台CRN45-3-1高压泵，流量Q=64m^3/h，扬程H=60m，功率P=15.0kW；

第二组：3台CRN45-4-2高压泵，流量Q=48m^3/h，扬程H=70m，功率P=15.0kW；

第三组：3台CRN45-4高压泵，流量Q=32m^3/h，扬程H=90m，功率P=15.0kW。

（5）反渗透水回用泵：2台立式泵，流量Q=40m^3/h，扬程H=15m，功率P=3.5kW。

（6）袋式过滤器：流量Q=18m^3/h，过滤精度10μm，DN50/PN10法兰。

DTRO系统

DTRO系统为垃圾渗沥液膜处理系统的浓水而设计的，包括纳滤DTRO系统和反渗透DTRO系统，其工艺流程如图3-26所示，实物图如图3-27所示。

DTRO膜系统包括DTRO进水泵、清洗泵、高压泵、循环泵、保安滤器、DTRO装置、加药装置等，主要去除水中有机物和盐分，使产水达标[5~7]。通过DTRO进水泵增压，加酸后流经保安滤器，保安滤器的目的是主要防止颗粒性杂质进入膜系统，在DTRO保安滤器出口管路上投加阻垢剂、杀菌剂，预防结垢及微生物的滋生，然后经过高压泵进一步升压，以满足DTRO膜脱盐的要求，产水去反渗透系统（产水池）；浓缩水去浓水箱（浓水池）。

进水规模为400m^3/d，其中纳滤浓水150m^3/d，反渗透浓水250m^3/d，进水水质见表3-9。即纳滤DTRO膜系统进水为150m^3/d，反渗透DTRO膜系统进水为250m^3/d。清洁产水去反渗透产水池，水质应达到《城市污水再生利用 工业用水水质》（GB/T 19923—2005）中的敞开式循环水水质标准；浓水去浓水池。

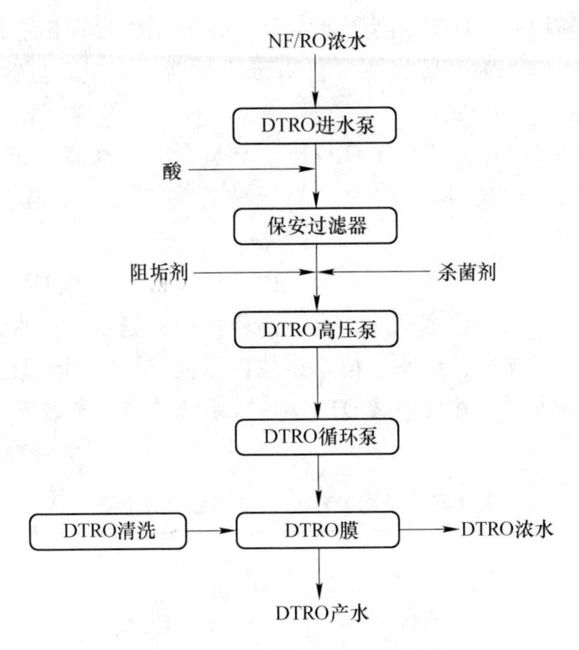

图 3-26 DTRO 系统工艺流程

图 3-27 DTRO 膜系统实物图

表 3-9 DTRO 系统进水水质

类型	总硬度(以 $CaCO_3$ 计)/$mg \cdot L^{-1}$	Ca 硬度/$mg \cdot L^{-1}$	Mg 硬度/$mg \cdot L^{-1}$	总碱度(以 $CaCO_3$ 计)/$mg \cdot L^{-1}$	TDS/$mg \cdot L^{-1}$	COD/$mg \cdot L^{-1}$
NF 浓缩液	2800	272	512	4600	12500	1846
RO 浓缩液	2700	248	498	8500	31000	350

（1）DTRO 高压泵。DTRO 高压泵主要是为 DTRO 膜提供过滤压力，并且保证一定错流速率；该泵为高压柱塞泵，附带变频器，流量范围为 0.5~1.0m^3/h，压力最高可调节至 7500kPa。

（2）DTRO 装置。膜元件由 DTRO 膜、导流盘、产水流导布、端板、中心杆等制作而成，多个 DTRO 膜元件通过高压软管和产水软管连接起来，即形成 DTRO 膜装置。

纳滤 DTRO 装置和反渗透 DTRO 装置由主体设备、38 根 DTRO 膜组件、系统管路及仪表等组成；设置进水低压、产水高压保护；进水、产水设置电导率在线监测仪，监测系统脱盐率；产水、浓水排放设置流量计，用于监控系统流量。

纳滤 DTRO 装置系统和反渗透 DTRO 装置系统的技术参数分别见表 3-10 和表 3-11。

表 3-10 纳滤 DTRO 装置系统技术参数

项目		数值
设计处理量	设计处理量/t·d^{-1}	150
	设计回收率/%	60
	设计清液产量/t·d^{-1}	90
	设计清液产量/t·h^{-1}	4.5
膜组件参数	膜组件直径/mm	214
	膜组件长度/mm	1400
	膜组件数量/支	38
	进水泵数量/台	1
	进水泵参数（流量/扬程/功率）	7.5m^3/h、36m、1.5kW
	循环泵数量/台	1
	循环泵参数（流量/扬程/功率）	32m^3/h、80m、11kW
	高压泵数量/台	1
	高压泵参数（流量/扬程/功率）	7.5m^3/h、500m、15kW
	清洗泵数量/台	1
	清洗泵参数（流量/扬程/功率）	7.5m^3/h、36m、1.5kW

表 3-11 反渗透 DTRO 装置系统技术参数

项目		数值
设计处理量	设计处理量/$t \cdot d^{-1}$	250
	设计回收率/%	36
	设计清液产量/$t \cdot d^{-1}$	90
	设计清液产量/$t \cdot h^{-1}$	4.5
膜组件参数	膜组件直径/mm	214
	膜组件长度/mm	1400
	膜组件数量/支	38
	进水泵数量/台	1
	进水泵参数（流量/扬程/功率）	12.5m^3/h，36m，3.0kW
	循环泵数量/台	1
	循环泵参数（流量/扬程/功率）	32m^3/h，80m，11kW
	高压泵数量/台	2
	高压泵参数（流量/扬程/功率）	6.5m^3/h，600m，15kW
	清洗泵数量/台	1
	清洗泵参数（流量/扬程/功率）	12.5m^3/h，36m，3.0kW

D 系统运行数据

取样时间为 2019 年 3 月 12 日，各处理流程基本水质见表 3-12。

3.3.2.2 洗烟废水处理

洗烟废水采用“两级絮凝+沉淀+活性炭吸附+超滤+RO”工艺处理，RO 淡水供给循环水补水，RO 浓水作为烟气净化系统工艺用水和飞灰固化用水回用。

A 工艺流程

洗烟废水处理工艺流程如图 3-28 所示。

废水先经冷却器换热冷却后进入调节池，在一级提升管式超滤膜（TUF）系统泵的作用下进入一级反应池。

一级反应池共分四个隔槽，第一隔槽中加入螯合剂并调节 pH 值，使废水中的大多数重金属离子形成难溶的氢氧化物；第二个隔槽中加入 $CaCl_2$，在废水中解离出 Ca^{2+}可与废水中的 F^- 反应生成 CaF_2 以及与 As 络合生成 $Ca_3(AsO_3)_2$、$Ca_3(AsO_4)_2$等难溶物质；第三个隔槽中加入混凝剂及烧碱，主要作用是使溶液中原有细小悬浮物得以凝聚沉积；第四个隔槽加入助凝剂，将废水进一步絮凝后，排入装有搅拌器的第一沉淀池中，在重力的作用下固液分离，上部清液通过溢

表 3-12 各处理流程基本水质

项目	pH 值	COD_{Cr} /mg·L^{-1}	TN /mg·L^{-1}	NH_4^+-N /mg·L^{-1}	NO_2^--N /mg·L^{-1}	NO_3^--N /mg·L^{-1}	TP /mg·L^{-1}	PO_4^{3-}-P /mg·L^{-1}	Ca^{2+} /mg·L^{-1}	Mg^{2+} /mg·L^{-1}	SO_4^{2-} /mg·L^{-1}	Cl^- /mg·L^{-1}	电导率 /μS·cm^{-1}
加温池出水	4.6	19200	1420	1070	0.6	349	192	4.2	2480	1968	906	3195	20690
1 号厌氧池出水	7.9	2640	1511	1472	0.2	39	19	4.7	100	360	373	3763	23100
2 号一级 A 池	7.8	220	537	2.9	0.1	534	1.8	0.2	240	336	455	3479	14650
2 号一级 O 池	7.8	380	542	8.8	0.1	533	4.7	2.5	260	372	409	3195	14440
2 号二级 A 池	7.9	440	489	7.5	0.9	481	4.2	3.0	300	408	409	3337	16580
2 号二级 O 池	7.8	420	521	1.8	0.6	519	5.4	2.8	320	408	455	3550	14360
UF 出水	6.9	272	499	0.5	0.1	498	5.3	1.1	300	396	400	4260	16220
NF 出水	7.2	168	479	0.3	0.1	479	4.0	0.2	216	254	35	3905	14580
NF 浓水	7.6	1390	583	18	0.2	565	4.8	4.6	800	1380	2645	5183	21930
RO 出水	7.6	16	51	0.0	0.0	51	6.2	0.1	1.6	1.9	18	21	296
RO 浓水	7.7	136	635	0.5	0.3	634	5.7	3.2	900	1344	167	12283	53100
一级物料出水	7.4	328	500	0.3	0.1	500	5.1	2.4	560	1020	2444	5183	18120
一级物料浓水	7.3	2400	880	45	1.4	834	5.4	5.2	1360	2160	4993	5183	22400

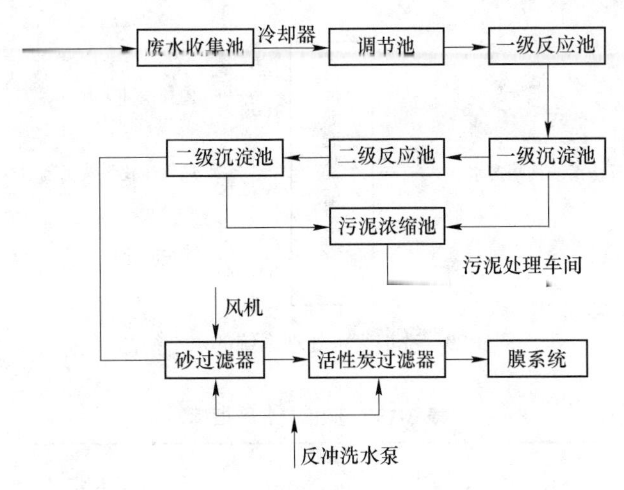

图 3-28 洗烟废水处理工艺流程

流进入二级反应池，下部絮凝物沉积到底部浓缩成污泥，经污泥泵输送至污泥浓缩池暂存。

二级反应池中进一步净化水质，主要去除一级反应池出水残留的部分重金属离子（如 Pb^{2+}、Hg^{2+}等）以及一级处理中许多未沉淀下来的细小而分散的颗粒和胶体物质。在适宜的 pH 值下，加入絮凝剂和助凝剂，去除剩余的重金属离子和分散的胶体颗粒物质[8,9]。二级反应池出水经二级沉淀池沉淀后，废水进入后续处理系统处理，沉淀污泥泵送至污泥浓缩池暂存。

污泥浓缩池污泥通过重力再次浓缩后，经污泥提升泵输送至污泥处理车间脱水，脱水后污泥进入垃圾池与生活垃圾一起入炉焚烧。为了进一步降低二沉池出水的浊度，最大程度地降低水中残留的重金属离子，保证更好的出水水质，后续继续采用砂过滤器、活性炭吸附器以及膜系统进行处理，保证出水的达标。

B 水量平衡

该项目洗烟废水处理系统处理规模为 200t/d，RO 淡水产量 140t/d（产率为 70%）；浓水产量 60t/d（产率为 30%），其中 38t 回用于烟气净化系统工艺用水，22t 回用于飞灰固化用水，本系统实现了焚烧发电厂废水零排放的要求。其水平衡图如图 3-29 所示。

C 进出水水质

洗烟废水出水水质需满足《城市污水再生利用工业用水水质》（GB/T 19923—2005）中的敞开式循环冷却水系统补充水标准。该项目洗烟废水处理系统进出水水质见表 3-13，除氨氮含量略微超标，其余指标均达到标准要求，且由于回用用作循环冷却水系统补充水的 RO 出水水量不到工业新水补充水量的 2.5%，被工业新水稀释后可以满足循环冷却水系统补充水水质要求。

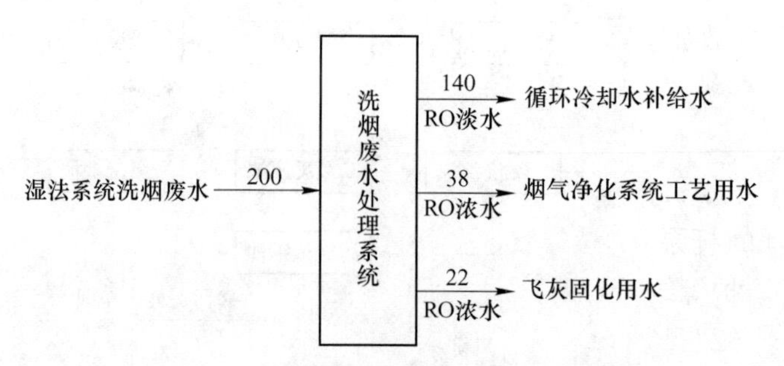

图 3-29 洗烟废水处理系统的水平衡图

表 3-13 进出水水质指标

序号	项目	进水水质	出水水质	敞开式循环冷却水系统补充水标准
1	温度/℃	65	—	—
2	pH 值	6. 00~8. 35	7. 95~8. 01	6. 5~8. 5
3	COD/mg · L^{-1}	144~304	16	≤60
4	NH_3-N/mg · L^{-1}	143~288	10. 5~15. 3	≤10
5	盐浓度质量分数/%	11. 70	—	—
6	固体颗粒物质量分数/%	0. 19	—	—
7	电导率/μS · cm^{-1}	17000~21700	649~913	—
8	Cl^-/mg · L^{-1}	4000~4300	172~215	≤250
9	铅 /mg · L^{-1}	<15	—	—
10	镉/mg · L^{-1}	<0. 6	—	—
11	锌/mg · L^{-1}	<50	—	—
12	铬/mg · L^{-1}	<1	—	—
13	六价铬/mg · L^{-1}	<0. 5	—	—
14	汞/mg · L^{-1}	<15	—	—

3. 3. 2. 3 辅助系统

A 污泥处理系统

反应沉淀池、厌氧池和好氧池的污泥流入浓缩池，在浓缩池内经过浓缩沉降和停留，底部浓缩后的污泥经污泥螺杆泵进入离心机进行机械脱水，上清液进入污水池或 A/O 系统，产生的干污泥可送入焚烧炉焚烧。

主要设备参数如下。

(1) 离心脱水机：3 套离心脱水机，两用一备，处理量 10~25m^3/h，主机功率 30kW。

(2) 离心脱水机辅机：3 套离心脱水机辅机，两用一备，功率 7.5kW。

(3) 污泥螺杆泵：2 台，22.0kW 电动机，电压 380V，速度 60r/min，频率 50Hz，绝缘/防护等级：IP55，带强冷风扇变频范围 5~50Hz，316L 不锈钢材质。

(4) 电动单梁悬挂起重机：电动单梁悬挂起重机 1 台，起吊重量 3t，跨度 4m，起升高度 6m。

(5) 泥斗：泥斗 1 台，$V_{有效}=6m^3$。

(6) 絮凝剂（PAM）加药装置：絮凝剂（PAM）加药装置 1 套。

1) 溶药搅拌罐：溶药搅拌罐 3 个，$V_{有效}=2m^3$，材质为聚丙烯（PP）。

2) 溶药搅拌机：溶药搅拌机 2 台，转速 135r/min，桨叶直径 350mm，功率 0.37kW。

3) 计量泵：计量泵 3 台，流量 0~100L/h，扬程 10m，功率 0.37kW。

B 渗沥液浓缩液处理

渗沥液处理工艺中的 NF 和 RO 工艺会产生浓缩液，占进水规模的 30%~40%。浓缩液中含高浓度的 COD、氨氮、总氮、盐分，直接排放会对环境造成二次污染。

纳滤膜的浓缩液采用物料膜系统处理（图 3-30），纳滤膜的浓缩液首先进入一级物料膜系统，一级物料膜采用一级两段式运行，一级物料膜产生的浓缩液为高浓度有机废液，储存于浓液箱。一级物料膜透过液进入二级物料膜系统，二级物料膜系统滤出液达到设备出水标准后，与主工艺纳滤系统产水混合进入后续反渗透处理系统，二级物料浓液接至浓液箱。

图 3-30 物料膜系统实物图

反渗透系统清液回用至冷却塔补充水，浓液进入 DTRO 膜系统。DTRO 膜系统清液回用至冷却塔补充水，浓液接至浓液箱。浓液箱浓缩液主要用于半干法石灰制浆、飞灰螯合以及回喷至焚烧炉焚烧。

a 浓缩液用于半干法石灰制浆

物料膜系统和 DTRO 膜系统浓缩液收集于浓液箱，然后回用于石灰浆制备系统。垃圾焚烧厂产生的烟气采用半干法脱硫净化装置，即采用石灰浆液$Ca(OH)_2$吸收烟气中的 SO_x、HCl 等酸性气体，由于半干法对石灰粉加水制备石灰浆的水质没有要求，因此，可以将浓液箱浓缩液作为石灰浆制备水源，其中重金属等有害成分可与飞灰一起无害化稳定固化处理[7]。

将渗沥液浓缩液作为石灰浆制备水源回用，能显著提高脱酸的效率及稳定性，并且石灰浆流量的波动也更小，主要原因在于生活垃圾焚烧厂的渗沥液浓缩液中 Cl^-的浓度高达 30000mg/L，在石灰浆进入反应塔后会析出氯盐，氯盐具有很强的吸湿性，从而提高了消石灰与酸性气体的反应活性[10]。与工艺水制浆相比，渗沥液浓缩液制浆脱酸后的 HCl 和 SO_2 排放浓度波动小，且峰值及均值均远小于工艺水制浆，同时适当地降低反应温度，有利于脱酸的进行[10]。

b 浓缩液用于飞灰螯合

将渗沥液浓缩液用于飞灰螯合稳定化系统，稳定化产物的重金属浸出率与工艺水用于飞灰螯合没有显著差别，螯合剂的投加量为飞灰量的 3%即可满足浸出标准[7]。

飞灰稳定化采用飞灰+螯合剂+水的飞灰螯合稳定化工艺（图 3-31），搅拌机

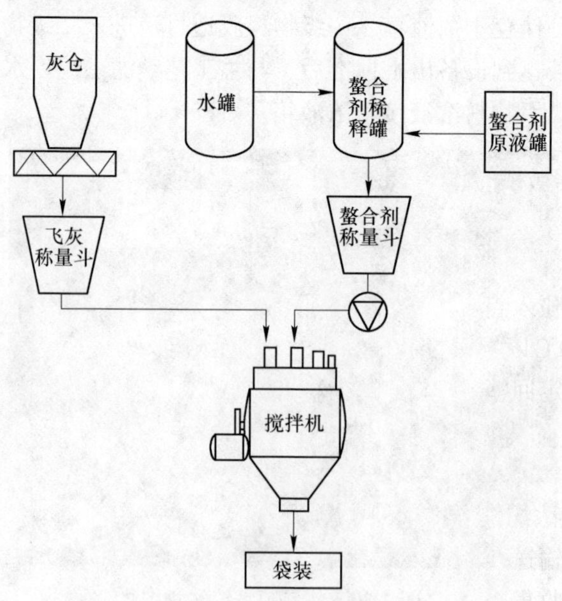

图 3-31 飞灰螯合稳定化工艺流程

间歇处理，飞灰与经过稀释的液体重金属螯合剂按一定比例进入搅拌机内，飞灰中的重金属与螯合剂进行螯合反应。

c　浓缩液入炉回喷

浓缩液入炉回喷，可以解决因垃圾热值过高导致焚烧炉热负荷超载，而引起水冷壁严重结焦的问题。回喷系统只有在炉内温度可以确保烟气能在850℃滞留2s的适当状态下，渗沥液才可以喷入炉内；在垃圾低位热值较低时，回喷系统不能运行。

回喷系统主要由收集槽泵、输送泵、过滤器、过滤器控制柜、水罐、喷雾泵、喷雾喷嘴、喷雾喷嘴控制柜、管道和阀等设备组成。

回喷工艺流程和回喷点位

渗沥液浓缩液从渗沥液站输送至渗沥液回喷系统收集罐中，然后由各焚烧线的渗沥液喷射泵抽送至相应焚烧线的喷嘴处。每条线都配备独立的喷射系统，并配有工业水冲洗系统（图3-32）[10]。

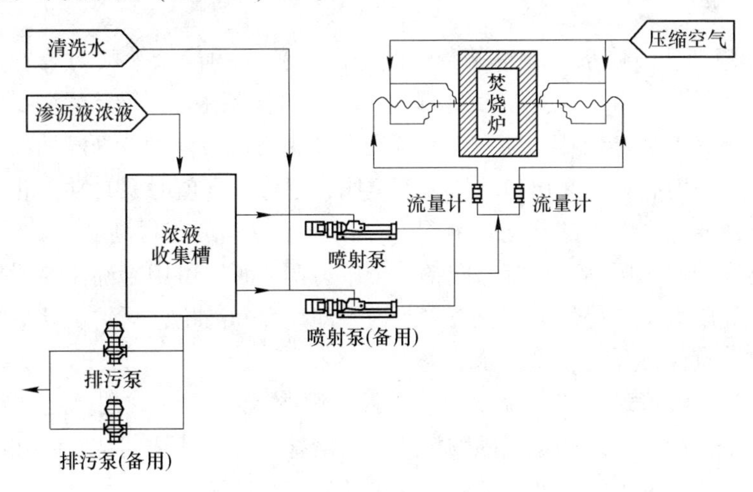

图3-32　浓缩液回喷系统工艺流程

渗沥液最佳喷入点为二次风喷入交汇处（图3-33）[10]，二次风喷入交汇处区域温度在1000℃以上，且经过二次风的搅动混合，烟气参数已趋于均匀稳定，适合进行长期稳定回喷。

回喷系统组成

（1）渗沥液浓缩液收集罐。系统设有一个渗沥液浓缩收集系统。渗沥液浓缩液由渗沥液站输送至浓缩液收集罐，收集罐设置料位计一台，高位信号输送至渗沥液站，控制收集仓料位，高位渗沥液站停止进水，收集罐低位时开始进水。

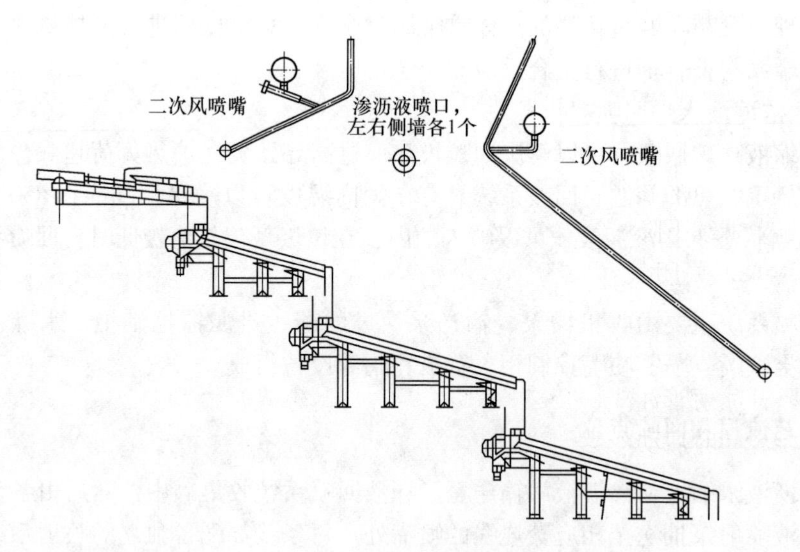

图 3-33　浓缩液回喷射点位

（2）渗沥液回喷系统。每条焚烧线都配有独立的渗沥液喷射装置。每条线的渗沥液喷射装置由 1 台变频控制的喷射泵及 2 个喷射枪（每条焚烧线的炉膛左右两侧各布有 1 个）组成。喷射泵经气动开关阀将清液池的渗沥液抽出，进入相应焚烧线的喷射装置。泵出口有压力安全阀，超过一定值时泵自动停止，以免超压。渗沥液通过高效率的雾化喷嘴配合厂用压缩空气可获得高品质的雾化效果。每条焚烧线的雾化压缩空气管路配备一个压力调节阀，可用来确保喷射枪处合适的压缩空气压力，取得最佳雾化效果。为冷却喷嘴和喷枪，锅炉启动后雾化空气球阀可以一直保持开启，供给压缩空气。

整个渗沥液喷射系统（喷射泵，管路，喷射枪，喷嘴）在停运前可用工业水来进行全面冲洗，以避免凝固颗粒造成的堵塞。气动冲洗阀也安装在喷射泵组的进口，冲洗时关闭渗沥液气动开关阀，开启气动冲洗阀，喷射泵频率设定在一个适当频率，冲洗 3 分钟即可。

（3）其他相关系统。渗沥液回喷泵房总电源由 1 路供电，供给泵房各喷射泵和 PLC 及系统各气动阀、热工控制系统电源。各焚烧线的渗沥液回喷的流量计电源则引自渗沥液回喷电控柜。各焚烧线的炉前渗沥液回喷系统的仪控压缩空气和雾化压缩空气则分别引自各线的仪控压缩空气和厂用压缩空气管。渗沥液回喷泵房的冲洗水来自生产工业水。

喷射控制

当炉膛温度的信号满足工艺要求 850℃时，渗沥液喷射装置即可运行。该信号通过对温度测点的测量及计算后得出。每条线渗沥液回喷的流量由焚烧炉 17m 层左右侧各一个流量计检测。

投运“自动”时，当烟温已上升至 850℃时，开启渗沥液泵进口气动开关阀，自动选择开启一台喷射泵，按预先设定的频率，6 支喷枪开始工作，控制流量为 1~1.5m^3/h，渗沥液开始回喷。

若温度继续下降，至 830℃，自动执行自动冲洗程序，净水冲洗 3 分钟后，停运喷射泵，关闭气动冲洗阀。等烟温上升至 850℃时，再次开始投运回喷系统。

渗沥液喷射泵 3 用 1 备，运行回喷泵需要检修前，切换前先关掉喷射开关阀，再打开喷射管冲洗阀冲洗 2 分钟，然后停泵，关掉喷射管冲洗阀，再打开喷射开关阀，同时启动另一台备用泵，如果切换备用泵时另一台泵处在检修状态，则不能启动。

回喷泵技术参数

回喷泵技术参数见表 3-14。

表 3-14 回喷泵技术参数

参数类型	参数名称	参数范围
介质参数	介质名称	废水
	介质温度/℃	约 20
	固体含量/%	约 1
	pH 值	中性
	动力黏度/Pa·s	0.5
	介质流量/$m^3 \cdot h^{-1}$	3
	入口压力	自然流入
	输出压力/MPa	0.7
泵工作参数	工作转速/$r \cdot min^{-1}$	306
	泵轴功率/kW	1.5
	泵扬程/m	49
	旋转方向	驱动端看逆时针旋转
固定转速齿轮减速马达参数	功率/kW	3
	电压/V	380/400
	速度/$r \cdot min^{-1}$	306
	频率/Hz	50
	频率可调范围/Hz	20~60
	绝缘/防护等级	F/IP55

本项目脱硝还原剂为氨水，实际运行中投入 SNCR 而不喷入浓缩液时，NO_x

排放浓度约为 180mg/m^3；投入 SNCR 且喷入浓缩液时，NO_x 排放浓度约为 150mg/m^3，可降低 NO_x 排放浓度约 16.7%，减少 SNCR 或 SCR 脱硝系统中氨水的消耗量，进一步降低运营成本。

C 除臭系统

渗沥液在处理过程中，因工艺条件和要求会造成异臭味的产生，可能产生臭味的设施包括预处理系统、沼液暂存池、调节池、均化池、反硝化池、污泥浓缩池及污泥上清液池、污泥脱水间等。

各处理构筑物产生的臭气经负压收集，焚烧炉正常运行时，送至焚烧炉进行焚烧[11~14]。焚烧炉一次风机吸风口布置在垃圾库上方，利用 3 台焚烧炉一次风机吸风，将垃圾库内恶臭气体作为燃烧空气从炉排底部的渣斗送入焚烧炉，并保持垃圾库负压状态，有效防止臭气外溢。

同时，在垃圾库顶加设通风抽气系统，并设置活性炭除臭装置，从垃圾库顶抽出的臭气经活性炭除臭装置净化、脱臭处理后达标排放，保证焚烧炉停炉期间垃圾库的臭气不向外扩散，垃圾库共设置 2 套活性炭除臭装置，活性炭除臭装置设备组成见表 3-15。当 3 台焚烧炉全部停炉时，启动 2 套活性炭除臭装置，换气次数约 2 次/小时以上，垃圾库仍能维持负压。

表 3-15 活性炭除臭装置设备组成

序号	设备名称	单位	数量	设备参数
1	玻璃钢离心风机	台	2	风量，68000m^3/h；全压，2442Pa；转数，1120r/min
2	活性炭除臭装置	台	2	尺寸，9m×2m×3m；风量，68000m^3/h；设备运行阻力，800~1200Pa；每台活性除臭装置活性炭填装量，21.6t

此外，还在厂内垃圾运输道路、垃圾倾卸厅、污水处理站等位置设除臭剂喷洒装置，消除渗沥液滴漏过程中所散发的臭味。

3.4 烟气净化系统

焚烧炉燃烧垃圾时产生的烟气是垃圾焚烧发电厂的主要大气污染源。垃圾焚烧烟气中含有多种大气污染物，主要包括颗粒物、酸性气体、金属化合物（重金属）、一氧化碳、未完全燃烧的碳氢化合物及微量有机化合物等，种类和含量的多少取决于垃圾的成分和焚烧炉内的燃烧情况。

3.4.1 烟气净化系统设计参数

系统采用三级脱酸、两级脱氮工艺，以确保烟气中的 NO_x、酸性气体（HCl、HF、SO_x）、二噁英、粉尘颗粒物及重金属等污染物浓度达到或优于欧盟 2000 标准。

烟气净化系统设计参数见表3-16。

表 3-16 焚烧炉烟气净化系统设计参数

序号	污染物名称		单位	标准限值①	欧洲标准②	项目设计排放限值
1	颗粒物	1小时均值	mg/m^3	30	30	30
		24小时均值	mg/m^3	20	10	10
2	SO_2	1小时均值	mg/m^3	100	200	100
		24小时均值	mg/m^3	80	50	50
3	NO_x	1小时均值	mg/m^3	300	400	75
		24小时均值	mg/m^3	250	200	75
4	HCl	1小时均值	mg/m^3	60	60	10
		24小时均值	mg/m^3	50	10	10
5	Hg（测定均值）		mg/m^3	0.05	0.05	0.05
6	Cd+Tl（测定均值）		mg/m^3	0.1	0.05	0.03
7	Pb+Sb+As+Cr+Co+Cu+Mn+Ni(测定均值)		mg/m^3	1.0	0.5（+V）	0.5
8	二噁英类（TEQ测定均值）		ng/m^3	0.1	0.1	0.08
9	烟气黑度（测定值）		林格曼级	1	1	1

①根据GB 18485—2014限值；

②根据欧洲议会和理事会2000/76/EC号指令。

3.4.2 烟气净化工艺流程

每台焚烧炉配备一套“SNCR+减温塔（添加NaOH)+干法+活性炭喷射吸附+袋式除尘器+SCR+湿法+GGH”烟气净化系统。烟气净化系统由SNCR系统、减温塔系统（NaOH添加系统)、活性炭存储与喷射系统、干粉喷射预喷涂系统、布袋除尘器系统、引风机系统、SGH及SCR系统、湿法脱酸塔系统、GGH、飞灰输送及存储系统以及烟道和烟囱系统组成，其净化工艺流程如图3-34[15]所示，烟气净化系统工作过程如下。

在垃圾焚烧炉出口的锅炉第一烟道上设置SNCR系统氨水喷嘴，利用该烟道中的高温环境喷入氨水进行脱硝反应，将烟气中的NO_x浓度降低并确保余热锅炉出口的NO_x浓度控制在150mg/m^3以下。

余热锅炉出口的烟气（约200℃）进入减温塔，进行第一步的脱酸处理。减温塔的顶部设有NaOH溶液喷射装置，使烟气减温，并脱除一部分酸性气体。烟气从减温塔出来后进入布袋除尘器，在减温塔和布袋除尘器之间分别设置干粉喷

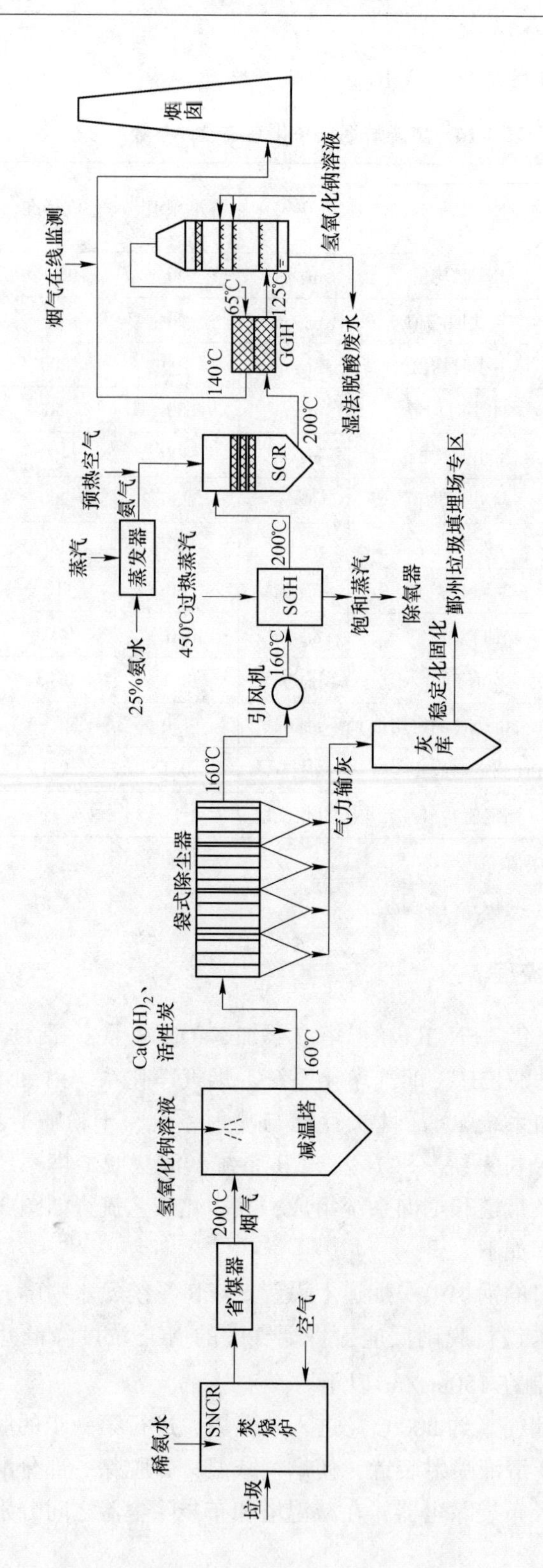

图3-34 烟气净化系统工艺流程示意图

射系统、活性炭喷射系统及预喷涂系统。氢氧化钙干粉可辅助除去烟气中的酸性气体。活性炭用于吸附重金属、二噁英、呋喃、TOC等。氢氧化钙脱酸反应和活性炭吸附作用在烟道内开始，并在布袋上继续。氢氧化钙和活性炭以气力输送方式定量提供，气力输送系统由给料器、风机和输送管道组成。硅藻土预喷涂系统仅在焚烧线启动阶段使用，以保护除尘器的布袋。

烟气进入袋式除尘器，将脱酸产物（氯化钙、亚硫酸钙、硫酸钙等）与吸附污染物的活性炭及烟尘等污染物分离出来。未反应的氢氧化钙干粉也附着在滤袋表面，与通过滤袋的酸性气体进行反应，进一步提高酸性气体的去除效率。袋式除尘器的清灰为脉冲反吹方式，可实现在线定期清灰。

除尘器出口烟气约150℃，通过烟气-蒸汽换热器（SGH）利用过热蒸汽进一步加热到反应温度（约200℃）进入SCR反应塔。SCR系统以进一步去除烟气中的NO_x，同时还可以部分氧化二噁英和呋喃（PCDD，PCDF）。

经SCR处理后排出的烟气经再加热系统（GGH）回收部分热量后降至125℃进入湿式洗涤塔。湿法洗涤塔分为减温部、反应部和除湿部三部分，烟气从塔底部进入减温部，先经喷水减温至约110℃，之后进入反应部与喷淋的碱液进行高效的气液交换反应，烟气的温度进一步降至约65℃。同时向循环吸收液中注入NaOH溶液，将循环吸收液的pH值调至6左右，吸收烟气中HCl、SO_x、HF等酸性气体。最后烟气进入减湿部。减湿部上方的喷嘴喷入的雾化减湿液，在填料层与烟气高效接触，进一步吸收烟气中残留的HCl、SO_x、HF等酸性气体的同时，使烟气的温度降低，饱和湿度下降，脱出烟气中多余的水分以避免“白烟”现象。从湿法脱酸塔出来的烟气通过GGH与从SCR反应塔出口的热烟气进行热交换，烟气升温后通过烟囱排向大气。

3.4.3 烟气净化系统组成

3.4.3.1 选择性非催化还原（SNCR）系统

SNCR系统采用氨水作为还原剂，在850~1100℃高温下，氨水与氧化氮进行如下反应：

$$4NO + 4NH_3 + O_2 = 4N_2\uparrow + 6H_2O$$

$$6NO + 4NH_3 = 5N_2\uparrow + 6H_2O$$

还原剂通过喷嘴喷入燃烧炉膛，采用三层喷嘴，每层设置14个喷嘴，并设置备用喷头。根据NO_x原始排放浓度的不同，SNCR系统的脱氮效率为30%~50%。设备清单见表3-17。

表3-17 SNCR脱硝设备清单

序号	名称	单位	数量	规格
1	氨水储罐	台	2	容积$50m^3$

续表 3-17

序号	名称	单位	数量	规格
2	氨水加注泵	台	2	流量 20m³/h
3	氨水输送泵	台	4（3用1备）	流量 1.8m³/h
4	除盐水储罐	台	1	容积 50m³
5	除盐水输送泵	台	4（3用1备）	流量 3m³/h
6	氨水喷嘴	只	42/套	雾化粒径小于 100μm

3.4.3.2 减温塔（NaOH 添加）系统

减温塔系统由反应塔本体、喷嘴和飞灰去除装置等组成。氢氧化钠溶液经冷却水水泵送到喷嘴，由压缩空气进行雾化。烟气反应塔入口处设有整流板，使烟气顺畅地向下回旋。减温塔内采用即时完全蒸发的二流体喷嘴方式，设定气水比为 150，保证喷嘴出口处的平均粒径小于 50μm，烟气在减温塔内的设计滞留时间为 5.0s，吸收液可完全蒸发。烟气经过减温塔内反应后，从反应塔下部排出。烟气中的部分粉尘由于烟流方向的改变，掉落到反应塔底部灰斗。粉尘经反应塔底部灰斗收集后，由旋转阀送至飞灰输送设备。减温塔设备清单见表 3-18。

表 3-18 减温塔设备清单

序号	名称	单位	数量	规　格
1	反应塔本体	台	3	入口烟气量为 8m（直径）/13m（高度）
2	双流体喷嘴（每套）	个	3	3.5t/h
3	冷却水喷射泵	台	4（3用1备）	
4	冷却水水箱	台	1	容积 15m³

3.4.3.3 活性炭喷射系统

为保证重金属及二噁英的达标排放，在进布袋除尘器前的烟气管道内喷入活性炭，用于吸附重金属及二噁英。

活性炭经罐车输送至活性炭贮仓中，活性炭贮仓容积 20m³，贮仓底部设有防堵装置，贮仓的活性炭排至盘式给料机，盘式给料机的底部设有定量给料装置，可同时给三条烟气净化系统供料，物料经旋转出料阀排至活性炭喷射装置，由活性炭喷射风机将其喷入减温塔之后、袋式除尘器之前的烟气管道中，给料风机共 4 台，3 用 1 备。活性炭储仓顶部安装主动式布袋除尘器以吸收活性炭上料期间的正压。

3.4.3.4 干粉喷射系统

A　干粉喷射系统

正常运行过程中，需向减温塔出口烟道中喷入氢氧化钙粉末，用于进一步脱酸。氢氧化钙经罐车输送至贮仓中，容积为 100m^3，贮仓 2 个，可满足 3 台焚烧炉约 5 天的用量，由专用喷射风机将其喷入减温塔之后、袋式除尘器之前的烟气管道中，去除烟气中的酸性气体。干粉送风机设置四台，3 用 1 备。氢氧化钙仓的顶部设置仓顶袋式除尘器，仓顶袋式除尘器属于脉冲喷吹式布袋过滤器。

B　布袋除尘器预喷粉系统

布袋除尘器在冷启动时，烟气的温度过低，易于在布袋表面结露，结露的液滴易粘附于布袋表面引起糊袋。在布袋除尘器冷启动之前通过进风烟道向布袋中喷入硅藻土，在布袋表面形成保护粉尘。3 台焚烧炉共用 1 个 10m^3 的硅藻土料仓。另当活性炭喷射系统出现故障时，可通过硅藻土存储仓采用袋装活性炭人工加料方式控制二噁英。

3.4.3.5　布袋除尘系统

布袋除尘器的功能是对烟气进行净化处理，将烟气里的固体颗粒（灰尘）过滤出来。过滤过程主要在布袋的外表面进行，固体颗粒在过滤袋的外表面被截留聚结成块，在布袋清洁过程中被除掉，降落至料斗底部。每个布袋除尘器分 6 个仓室，当除尘器的滤袋有损坏时可将其所在的仓室隔离进行滤袋更换。除尘器配有循环加热系统，防止布袋在开机时出现结露。布袋除尘器系统主要技术参数见表 3-19。

表 3-19　布袋除尘器系统主要技术参数

序号	设备	单位	数量	参　数
1	除尘器本体	台	3	入口烟气量 147800Nm^3/h，滤袋总数 1734 个，过滤面积 5162m^2，系统阻力小于 1500Pa，过滤风速不大于 0.8m/min，布袋规格 ϕ158 × 6000mm，材质 PTFE+PTFE 覆膜，耐热温度 240℃，操作温度 150℃
2	预热循环风机	台	3	流量 18000m^3/h，压头 2000Pa
3	预热循环加热器	台	3	—
4	密封风机	台	3	流量 8000m^3/h，压头 2000Pa

3.4.3.6　选择性催化还原（SCR）脱硝系统

烟气从布袋除尘器出来后经过蒸汽加热器（SGH），采用 4.1MPa 过热蒸汽加热至 200℃后进入 SCR 反应塔，进一步除去烟气中的 NO_x，同时还可以部分氧化二噁英和呋喃（PCDD，PCDF）。SCR 反应器出口烟气通过 GGH 换热后降至 125℃进入湿法处理系统。

SCR 反应塔内 NO_x 与氨的反应方程式为：

$$4NH_3 + 4NO + O_2 = 4N_2\uparrow + 6H_2O$$

$$4NH_3 + 2NO_2 + O_2 = 3N_2\uparrow + 6H_2O$$

氨水蒸发汽化后所产生浓度小于5%的氨气，经由氨喷射系统（AIG）送入SCR系统烟气中，随后通过催化剂层进行SCR反应。SCR系统主要技术数据见表3-20。

表3-20　SCR系统主要技术数据

序号	设备	单位	数量	参　数
1	SGH蒸汽加热器	台	3	烟气侧进口温度约150℃，出口温度约200℃，蒸汽侧过热蒸汽，温度450℃
2	氨蒸发器	台	1	利用饱和蒸汽
3	喷氨栅格	套	3	—
4	烟气静态混合器	台	3	—
5	SCR反应器	台	3	催化剂类型颗粒，主要成分 V_2O_5/TiO_2，每套SCR填充量10t，催化剂设计反应温度200℃，运行温度为165~250℃
6	挡板密封风机	台	6	3用3备，流量2000m³/h，压头4500Pa
7	稀释风机	台	6	3用3备，流量3000m³/h，压头6000Pa
8	电加热器	套	6	3用3备

3.4.3.7　烟气-烟气加热器系统（GGH）

从SCR反应器出来的烟气（约200℃）进入烟气-烟气加热器系统（GGH），与湿法脱酸反应塔出口的低温烟气进行换热，温度降至约125℃进入湿式洗涤塔，以减轻湿法脱酸塔减温部工作负荷及运行成本，同时从湿法脱酸塔出来的烟气温度从65℃左右加热至约140℃，最后通过烟囱排入大气，以达到防止低温腐蚀及烟囱出口冒“白烟”的目的。

烟气再热器中设喷淋冲洗装置，用于清洁换热管及设备内部的积灰，保证高效的换热率，延长设备寿命。清洗废水随烟道流入湿式洗涤塔，汇入塔底冷却液。

GGH主要技术数据如下：

形式：单管程列管式换热器；

数量：3套；

烟气设计流量：大于120%MCR（最大连续额定蒸发量）；

高温段烟气温度：进口约200℃，出口约125℃；

低温段烟气温度：进口约65℃，出口约140℃；

系统压降：小于1250Pa。

3.4.3.8　湿法脱酸系统

从SCR反应器出来的烟气进入烟气换热器（GGH），与湿式脱酸洗涤塔出口的低温烟气进行换热后，温度降至约125℃进入湿式洗涤塔。洗涤塔分为减温部、反应部和除湿部三部分。在反应塔中发生的化学反应如下：

$$SO_2 + 2NaOH = Na_2SO_3 + H_2O$$

$$HCl + NaOH = NaCl + H_2O$$

减温部设在反应塔的底部，在塔体一定高度上设置喷嘴，在减温部烟气上方喷入冷却液，通过冷却液与逆流的烟气充分接触，使烟气在此段从约125℃被迅速冷却至110℃左右。

反应部位于减温部的上方，通过喷嘴向反应部烟气喷入吸收液，与烟气接触并与SO_x、HCl、HF等酸性气体发生化学反应，生成NaCl、NaF、Na_2SO_3、Na_2SO_4等盐类，达到高效去除的目的。循环液中加入NaOH溶液，将循环吸收液的pH值调至6左右，同时将烟气的温度进一步降至60~70℃。循环液设置氧化风机，将Na_2SO_3氧化成稳定的Na_2SO_4。

最后烟气进入减湿部。减湿部上方的喷嘴喷入的雾化减湿液在填料层与烟气高效接触，在进一步吸收烟气中残留的HCl、SO_x、HF等酸性气体的同时，将烟气的温度降低，降低烟气湿度，从而降低烟囱发生白烟的可能性。从湿法脱酸塔出来的烟气通过GGH与从SCR反应塔出口的热烟气进行热交换，烟气升温后通过烟囱排向大气。

湿式洗涤塔系统主要技术参数见表3-21。

表3-21 湿式洗涤塔系统主要技术参数

序号	设 备	单位	数量	参 数
1	湿式洗涤塔	台	3	入口烟气量147800m^3/h，入口烟气温度150℃，出口烟气温度65℃
2	冷却液循环泵	台	6（3用3备）	流量560m^3/h，扬程30m
3	减湿液循环泵	台	6（3用3备）	流量495m^3/h，扬程35m
4	冷却液缓冲罐	台	3	容积0.064m^3
5	减湿水水箱	台	3	容积74m^3
6	减湿水缓冲罐	台	3	容积0.064m^3
7	湿式洗涤塔补充水箱	台	3	容积4.6m^3
8	烧碱储罐	台	3	容积125m^3
9	氢氧化钠稀释泵	台	3	流量55m^3/h，扬程10m
10	氢氧化钠稀释罐	台	6	容积15.6m^3
11	烧碱搅拌用泵	台	6	流量34m^3/h，扬程10m

续表 3-21

序号	设　备	单位	数量	参　　数
12	烧碱供应泵	台	6	流量 $2m^3/h$，扬程 25m
13	洗烟废水排放泵	台	2	流量 $24m^3/h$，扬程 25m
14	工艺水泵	台	2	流量 $50m^3/h$，扬程 50m
15	洗烟排水槽	台	1	容积 $105m^3$
16	氧化风机	台	6	3用3备

3.4.3.9　有机污染物的治理措施

有机污染物的产生机理极为复杂，伴随有多种化学反应。在垃圾焚烧产生的有机污染物中，以二噁英（PCDDS）及呋喃（PCDFS）对环境影响最为显著。

在余热锅炉尾部烟道处密集布置蒸发器、省煤器，使烟温迅速从500℃降至200℃。选用高效的袋式除尘器，控制除尘器入口处的烟气温度低于180℃，并在进入袋式除尘器前，在入口烟道上设置活性炭喷射装置，进一步吸附二噁英；设置先进、完善和可靠的全套自动控制系统，使焚烧和净化工艺得以良好执行。

烟气净化系统中，活性炭是去除重金属和二噁英的主要介质，为确保活性炭用量满足对污染物的去除要求，在活性炭喷射系统中设置有活性炭计量装置，在缓冲料斗下面装有计量泵，通过容积计量的方式来计算活性炭的投放量，并在运行过程中，数字化控制系统（DCS）会显示投放量及累计消耗量。

3.4.3.10　烟气排放及在线监测系统

A　烟气排放系统

经湿法脱酸处理后的烟气通过烟气再加热器（GGH）换热升温后，经1根高度为110m、单筒内径为2.4m的集束烟囱排放，每条焚烧线配套一个单筒。

B　烟气在线监测仪系统

在每套烟气净化系统尾部和烟囱之间的水平烟道上安装在线排放连续监测装置，其监测主要项目为：颗粒物、SO_2、NO_x、HCl、HF、NH_3和CO，以及湿度、含氧量、烟气温度、烟气流量等烟气参数。监测信息均通过传感器传送至集中控制室，与环保部门联网管理，同时将焚烧炉炉温数据也联网上传，并在焚烧厂门口显著位置设置数据即时动态显示装置，随时接受社会公众监督。另外在烟道上设置永久性监测采样孔，便于取样与环保监测。

3.4.4　烟气污染物治理效果

垃圾焚烧烟气污染物的成分及浓度与所焚烧的垃圾成分有很大关系，焚烧烟气污染物的产生浓度以及各烟气治理工艺去除效率见表3-22[15]。

表 3-22 烟气污染物设计去除效率一览表

序号	污染物名称	设计产生浓度 /mg·m^{-3}	各环节设计去除效率（不小于）/%							控制浓度 /mg·m^{-3}
			SNCR	减温塔	干法	活性炭+布袋除尘器	SCR	湿法	总效率	
1	颗粒物	5000	—	—	—	99.8	—	50	99.9	10
2	SO_2	700	85				—	80	94	50
3	NO_x	300	40	—	—	—	60	—	75	75
4	HCl	700	—	90			—	98	99	10
5	Hg 及其化合物	1.0	—	—	95		50	50	98	0.05
6	Cd 及其化合物	1.0	—	—	95		50	50	98	0.03
7	Pb 及其化合物	10	—	—	95		50	50	98	0.5
8	二噁英（TEQ）/ng·m^{-3}	5	—	—	98		50	—	99	0.08

3.5 噪声治理工程

项目在正常运行时各种设施设备的运作会产生噪声，主要噪声源包括汽轮发电机、锅炉排汽系统、风机、水泵等，此外，垃圾运输车辆也会产生一定的交通噪声。

为减少噪声对周边环境的影响，项目对主要设备噪声源采取隔声、降噪、减震等措施，同时加强厂内的交通管理，尽可能降低噪声的影响。

厂界噪声标准执行《工业企业厂界环境噪声排放标准》（GB 12348—2008）中的Ⅱ类标准。即围墙 1m 处噪声级限度：白天不大于 60dB(A)，夜间不大于 50dB(A)。

3.5.1 噪声污染源分析

3.5.1.1 声源分布及源强情况

项目主要声源区域及主要声源设备、噪声源强见表 3-23。

表 3-23 主要声源设备及源强

序号	噪声区域	噪声源	声压级 /dB(A)	备注
1	卸料平台和垃圾库区域	运输车辆	75~80	距离 1m
		运输车、吊车等	75~80	距离 1m

续表 3-23

序号	噪声区域	噪声源	声压级/dB(A)	备注
2	焚烧间区域	焚烧炉本体	74~76	距离 1m
		排渣机及漏渣输送机	80~85	距离 1m
		一次、二次风机和送风机	95~100	距离 1m
		余热锅炉排汽	约 120	距离 1m
3	烟气净化间区域	脱硫、脱硝给料泵	85~90	距离 1m
		布袋除尘器	75~80	距离 1m
		布袋除尘器输送机	75~80	距离 1m
		引风机	90~100	距离 1m
		脱硫循环泵	85~90	距离 1m
		风机管道	75~80	距离 1m
4	汽机除氧间区域	汽轮机本体、辅机及蒸汽管线噪声	88~92	距离 1m
		给水泵	90~95	距离 1m
		发电机电磁及机械噪声	90~92	距离 1m
		屋顶风机噪声	80~85	距离 1m
5	机力通风冷却塔区域	机力通风冷却塔风机	85~88	风筒出风口 45°方向 1m
		机力通风冷却塔淋水	88~90	距离 1m
		固体传声	约 75	塔壁 0.5m 外
6	升压站区域	电磁噪声、冷却风扇噪声	65~70	距离 1m
7	空压机室	空压机、干燥机等	97~105	距离 1m
8	综合水泵等辅助车间	水泵噪声、电机噪声	85~90	距离 1m
9	化学水车间	各种水泵和电机噪声	85~90	距离 1m

3.5.1.2 噪声源分析

噪声源区域主要分为垃圾栈桥、垃圾库和卸料平台区域、焚烧间区域、烟气净化间区域、冷却塔区域及其他辅助设施区域。

A 焚烧间区域噪声分析

焚烧间区域主要包括锅炉、排渣机、渣坑等。

焚烧间内主要声源有：一次风机、二次风机、捞渣机、螺旋给料机、螺旋匀料机及其附属的水泵、电机以及通风及主机冷却风机等。声源频谱特性呈中、低频特点。

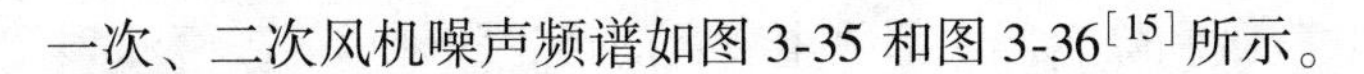
一次、二次风机噪声频谱如图 3-35 和图 3-36[15] 所示。

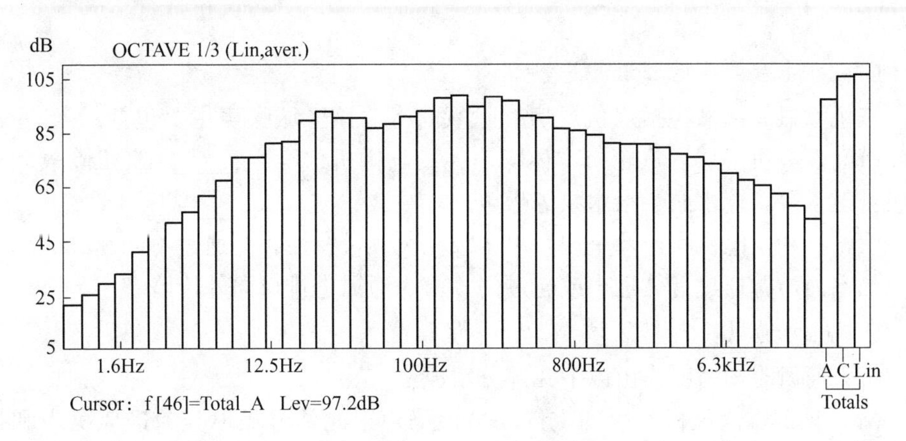

图 3-35 一次风机噪声频谱截图

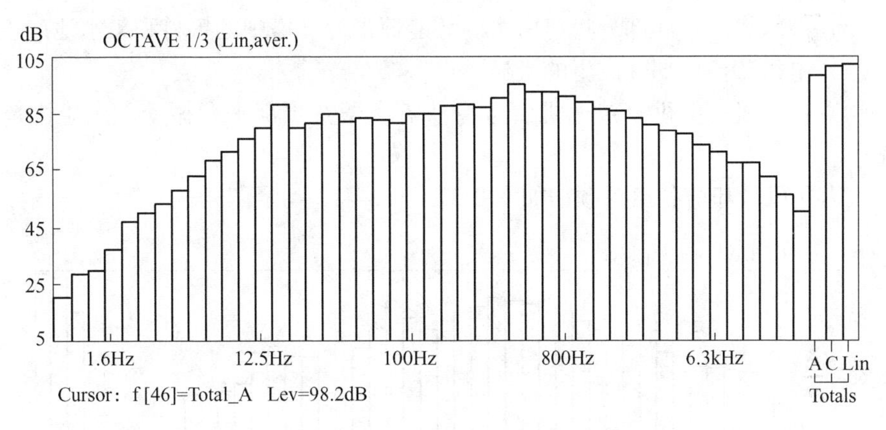

图 3-36 二次风机噪声频谱截图

从以上频谱可以看出，一次风机噪声特性呈宽频带特性，具有多个峰值，同时中低频比较突出，辐射噪声的部位有机壳、电机、联轴器、进风口部位、出风口管道等。二次风机噪声特性为高声压级，呈宽频带特性，辐射噪声的部位有机壳、电机、联轴器、进风口部位、出风口管道等。

焚烧间余热锅炉排气放空噪声为间歇式排气喷流噪声，属于偶发噪声，是由高速气流冲击和剪切周围静止空气引起剧烈的气体扰动而产生的。

焚烧间区域噪声是连续的宽频带噪声，从低频成分到高频成分都较丰富，且有明显的峰值。

B 烟气净化间区域噪声分析

烟气净化间的声源设备主要是各类脱硫、脱硝给料泵，布袋除尘器，引风机和风机电机，除尘器吹气阀和除尘器底部收尘装置的辊轮和轴承等，声源频谱特性为中、低频。

C 汽机除氧间区域噪声分析

汽机除氧间区域包括汽机厂房、除氧间等，该区域噪声主要包括：（1）汽机除氧间发电机组层：汽轮机本体噪声，发电机机组噪声；（2）汽机除氧间地面层：射水泵、疏水泵、给水泵等噪声。

汽轮机和发电机噪声均呈现高声压级和宽频带特性，会通过不同途径向外传播，如室内声源通过墙体透声或通过门、窗、通风进排口向外传播。

D 机力通风冷却塔区域

机力通风冷却塔噪声由以下几部分组成：

（1）顶部轴流风机产生的空气动力性噪声，此部分噪声分为进风噪声和排风噪声两部分，其中排风噪声通过顶部风口直接向外传播，进风噪声则透过填料层向下传播，并最终通过进风口向外传播；

（2）淋水噪声：此部分噪声由水的势能撞击冷却塔中的填料和集水池产生；

（3）电机及传动部件产生的机械噪声；

（4）由风机、电机及减速机引起冷却塔塔壁及顶部平台振动，产生固体传声噪声。

机力通风冷却塔各声源频谱如图 3-37~图 3-41[15] 所示。

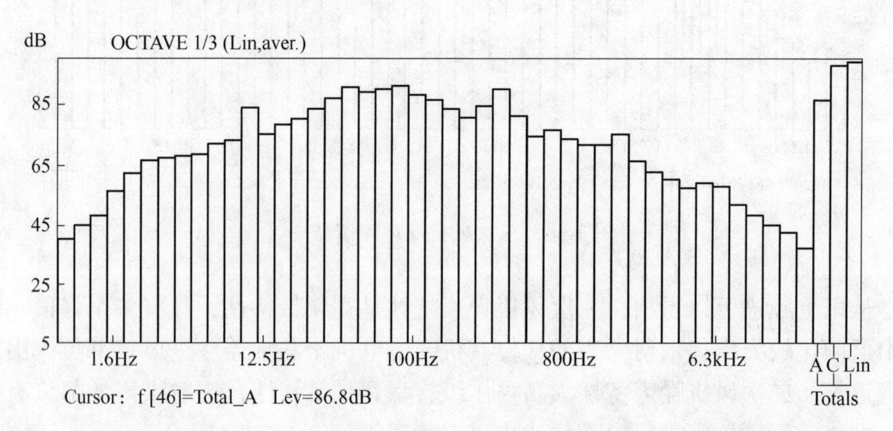

图 3-37 机力通风冷却塔风机（排风口 45°方向 1m 处）噪声频谱截图

由声源噪声频谱可知，机力通风冷却塔风机的电机噪声和风机排风口噪声中低频突出，而淋水噪声主要是中高频成分。从图 3-39 可以看出风机开启时，风机噪声部分透过冷却塔填料层后也通过进风口反向传播，因此进风口噪声中低频部分同样突出。

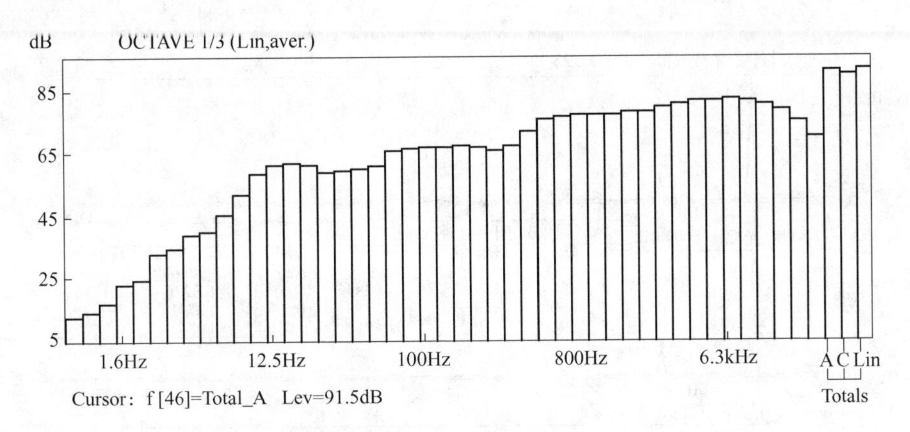

图 3-38　机力通风冷却塔淋水（风机停）噪声频谱截图

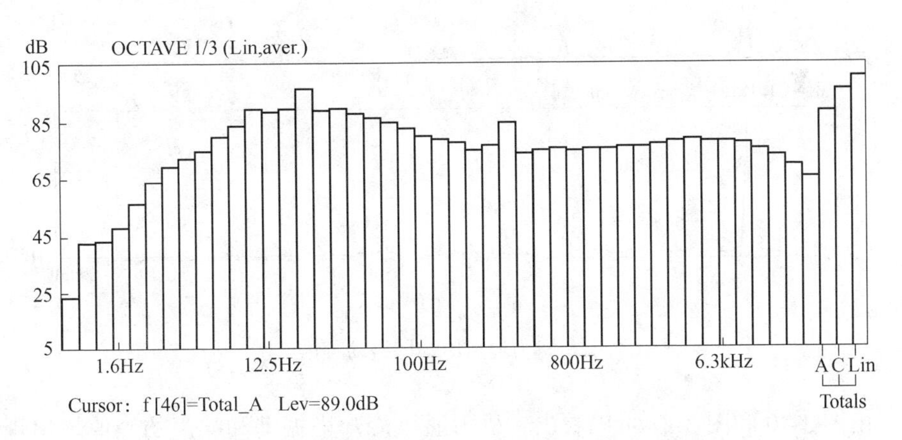

图 3-39　机力通风冷却塔淋水（风机开）噪声频谱截图

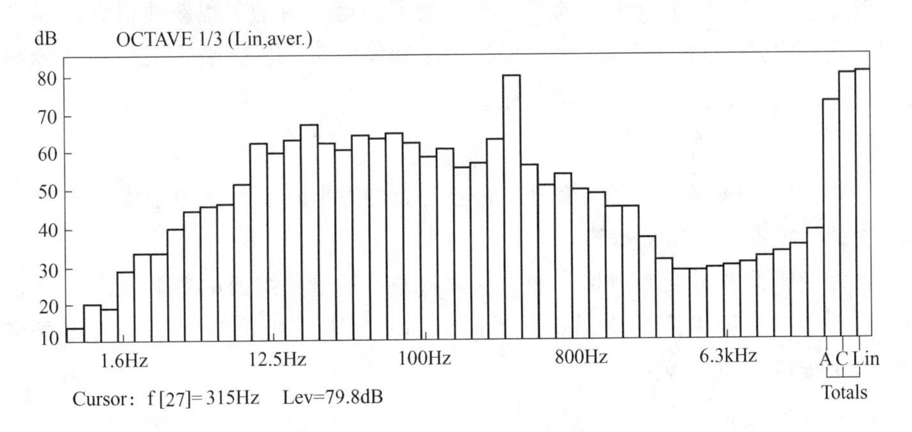

图 3-40　机力通风冷却塔固体传声频谱截图

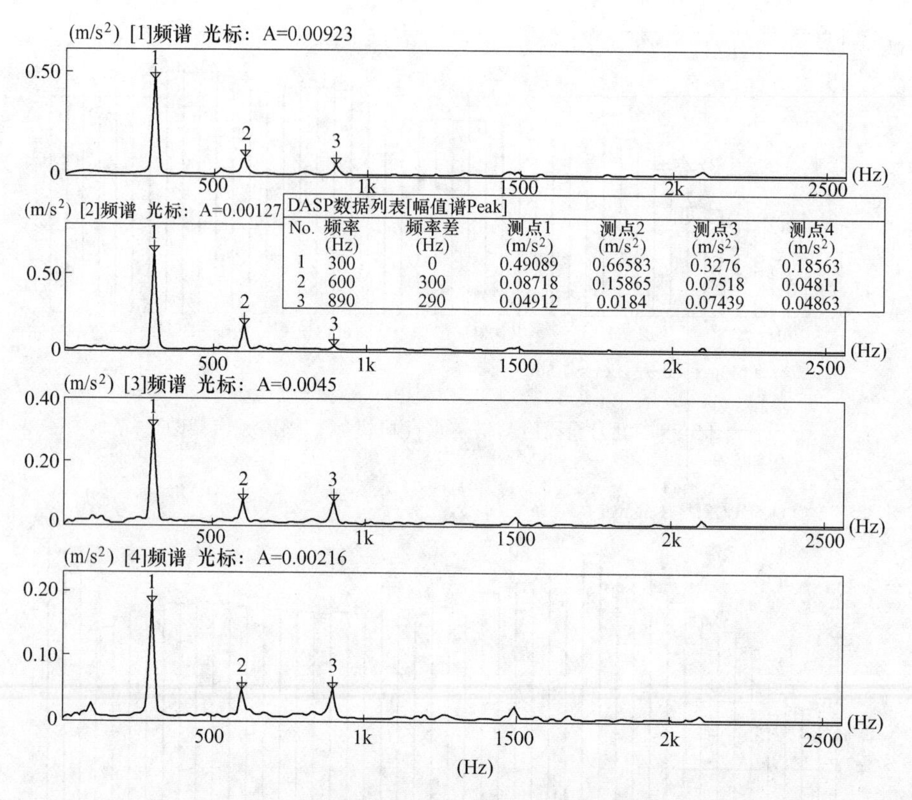

DASP数据列表[幅值谱Peak]

No.	频率 (Hz)	频率差 (Hz)	测点1 (m/s^2)	测点2 (m/s^2)	测点3 (m/s^2)	测点4 (m/s^2)
1	300	0	0.49089	0.66583	0.3276	0.18563
2	600	300	0.08718	0.15865	0.07518	0.04811
3	890	290	0.04912	0.0184	0.07439	0.04863

图 3-41 机力通风冷却塔振动频谱截图

由图 3-40 和图 3-41 可以看出，机力通风冷却塔振动和噪声的峰值均出现在 300Hz 附近，具有很好的吻合性，机力冷却塔固体传声噪声由机力塔风机电机及减速机振动引起，该振动引起的二次噪声治理困难。由于工程新建机力通风冷却塔离西侧厂界约 11m，衰减距离较短，因此其噪声对厂界影响较大。新建冷却塔设置进排风消声器，循环水泵布置在室内。

E 升压站区域

电力变压器噪声主要有两部分：铁心磁致伸缩振动引起的电磁噪声；冷却风扇产生的机械噪声与气流噪声。

电力变压器的电磁噪声是一种由基频和一系列谐频组成的单调噪声，低频成分突出，由于低频噪声的绕射和穿透能力强，且空气吸收非常小，因此衰减很慢，属于较难治理声源。

F 其他辅助区域

其他区域包括厂区内的辅助车间如化学水处理间、空压机室、风机室等，这些区域的设备均采用的是室内布置方式，因此设备产生的噪声主要是通过建筑物透声或门窗及通风系统向外传播。

3.5.2 厂界噪声影响

项目各声源设备未采取相应的噪声治理措施前，各厂界噪声见表 3-24，1.2m高度等声级线如图 3-42[15]所示。

表 3-24 厂界噪声影响

序号	点位	背景值/dB(A)		贡献值	达标情况	执行标准
		昼间	夜间			
1	东厂界	44.5	38.8	58.2	超标	2类
2	南厂界	43.7	37.6	68.9	超标	2类
3	西厂界	45.1	39.3	81.9	超标	2类
4	北厂界	42.8	37.1	77.8	超标	2类
5	坨坨寺	45.1	39.3	65.2	超标	2类

注：各厂界背景值取现状监测最大值，坨坨寺背景值取厂界现状监测最大值。

3.5.3 噪声治理措施

为减少噪声对周边环境的影响，项目对主要声源设备采取隔声、消声、减振等措施，同时加强厂内的交通管理，尽可能降低噪声的影响。

（1）厂区总体设计布置时，将主要噪声源尽可能布置在远离操作办公的地方，以防噪声对工作环境的影响。

（2）在运行管理人员集中的控制室内，门窗处设置消声装置（如密封门窗等），室内设置吸声吊顶，以减少噪声对运行人员的影响，使其工作环境达到允许的噪声标准。

（3）设备选型、采购时尽量选用噪声较小的设备（在合同或技术协议上明确设备声源控制要求），大部分布置在现有主厂房内，进行厂房隔声，隔声效果在 15~20dB(A)。

（4）对设备采取减振、安装消声器、隔音等方式。例如，在一次风机、点火燃烧器和辅助燃烧器风机的进口均安装消声器，余热锅炉汽包点火排汽管道上

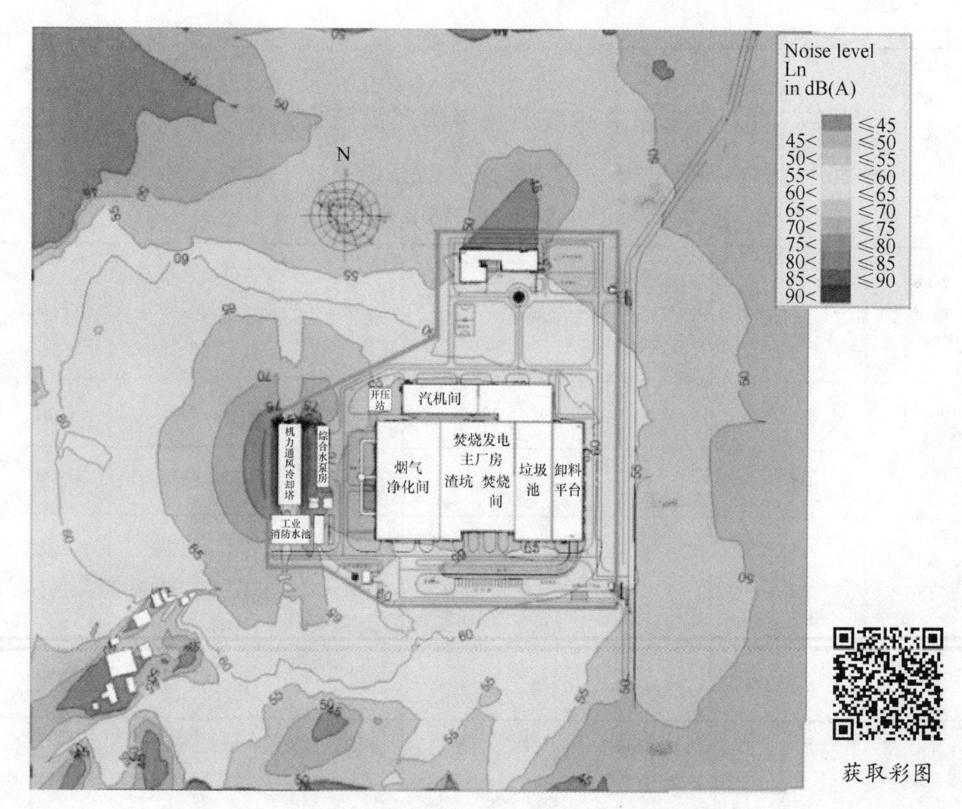

图 3-42　1.2m 高度项目噪声影响等声级线分布示意图
（采取噪控设备前）

设置排汽消声器，烟道、风道凡与设备连接处均采用软连接，风机设备基础装有弹簧减振装置以减少振动噪声，空压机室内布置等。

（5）为减轻运输车辆对集中通过区域的影响，建议厂方对运输车辆加强管理和维护，保持车辆良好车况，机动车（运输船）驾驶人员经过噪声敏感区地段应限制车速，禁止鸣笛，尽量避免夜间运输。

（6）加强厂区绿化，企业应在厂界内外周围设置一定宽度的绿化带，以起到降低噪声的作用。

项目各声源设备采取的噪声治理措施及治理效果见表 3-25[15]，表中除余热锅炉排汽和机力通风冷却塔风机的位置为室外之外，其余皆为室内。采取噪声治理措施后，1.2m 高度等声级线如图 3-43[15] 所示。

表 3-25 各声源设备采取的噪声治理措施及治理效果

序号	噪声源所在区域	噪声源	最大外形尺寸（长×宽×高）/m×m×m	噪声时间特性	声压级/dB(A)	噪声治理措施	采取措施后声压级/dB(A)
1	卸料平台和垃圾库区域	运输车	104×52×32	间歇噪声	75~80	室内布置，采用土建墙体及屋面，设置隔声门窗	55~60
		吊车		间歇噪声	75~80		55~60
2	焚烧间区域	焚烧炉本体	均置于主厂房内，厂房最大尺寸：105×57.4×49	连续运行	74~76	墙体内壁设置吸声结构；屋面采用复合隔声吸声屋面；设置隔声门窗；孔洞缝隙进行隔声封堵	55~60
		排渣机及漏渣输送机		连续运行	80~85		
		一次、二次风机和送风机		连续运行	95~100	进风口加消声器	
		余热锅炉排汽		瞬时噪声	约 120	消声器	约 70
3	烟气净化间区域	脱硫、脱硝给料泵	均置于主厂房内，厂房最大尺寸：113×75.6×32	连续运行	85~90	烟气净化间墙体内壁设置吸声结构；屋面采用复合隔声吸声屋面；设置隔声门窗；孔洞缝隙进行隔声封堵；各声源设备采取必要的减振措施	55~60
		布袋除尘器		连续运行	75~80		
		布袋除尘器输送机		连续运行	75~80		
		引风机		连续运行	90~100		
		脱硫循环泵		连续运行	85~90		
		风机管道		连续运行	75~80	厂房外的部分进行吸隔声包扎处理	
4	汽机除氧间区域	汽轮机本体、辅机及蒸汽管线噪声	均置于主厂房内，厂房最大尺寸：78×25×25.5	连续运行	88~92	汽机除氧间墙体内壁设置吸声结构；屋面采用复合隔声吸声屋面；设置隔声门窗；孔洞缝隙进行隔声封堵；各声源设备采取必要的减振措施	52~58
		给水泵		连续运行	90~95		
		发电机电磁及机械噪声		连续运行	90~92		
		屋顶风机噪声		连续运行	80~85		

续表 3-25

序号	噪声源所在区域	噪声源	最大外形尺寸（长×宽×高）/m×m×m	噪声时间特性	声压级/dB(A)	噪声治理措施	采取措施后声压级/dB(A)
5	冷却塔区域	机力通风冷却塔风机	74×20×10	连续运行	85~88	排风消声器	60~65
				连续运行	88~90	进风消声器、落水消声	60~65
6	升压站区域	电磁噪声、冷却风扇噪声	24×20×6	连续运行	65~70	选用低噪声变压器，室内布置	50~55
7	空压机室	空压机、干燥机等	—	连续运行	97~105	室内布置，采用土建墙体及屋面，设置隔声门窗	55~60
8	综合水泵等辅助车间	水泵噪声、电机噪声	54×11×4	连续运行	85~90	室内布置，采用土建墙体及屋面，设置隔声门窗	55~60
9	化学水区域	各种水泵和电机噪声	—	连续运行	85~90	室内布置，采用土建墙体及屋面，设置隔声门窗	55~60

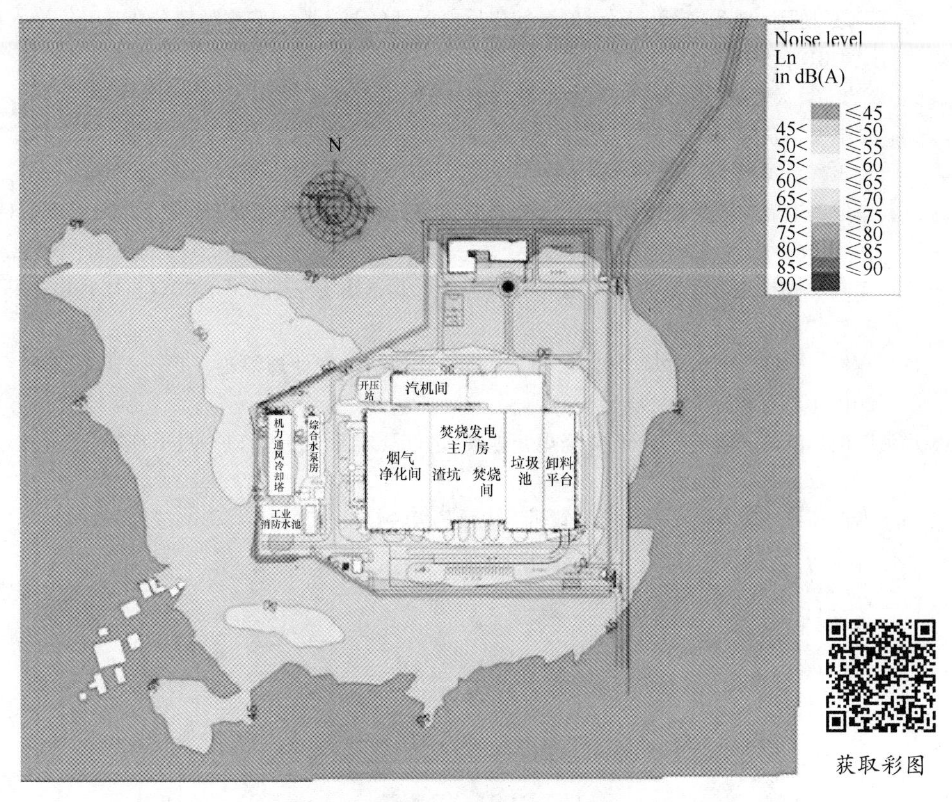

图 3-43　1.2m 高度项目噪声影响等声级线分布示意图
（采取噪控设备后）

参 考 文 献

[1] 周邵光，严惠勤．一体化净水器在电炉循环冷却水处理中的应用［J］．铁合金，2004（2）：31～33.

[2] 南京德诺环保工程有限公司．FA 一体化净水器使用说明书［EB/OL］．2018－06－30［2020-07-04］．https：//wenku. baidu. com/view/c4ac0fe0b9f3f90f76c61be4. html

[3] 丁桓如，吴春华，龚云峰．工业水处理［M］．北京：清华大学出版社，2014.

[4] 闵涛，姚琴．垃圾焚烧发电厂渗沥液处理工程实例分析［J］．环境卫生工程，2019，27（5）：57～59.

[5] 许力，龙吉生，章文锋．垃圾渗沥液 RO 浓水 DTRO 再浓缩中试实验［J］．环境卫生工程，2016，24（4）：41～43.

[6] 何势．垃圾电厂渗沥液膜浓缩液减量化技术研究及应用［J］．环境卫生工程，2019，27（2）：74～76.

[7] 冯淋淋．垃圾焚烧厂渗沥液浓缩液回用技术研究［J］．环境卫生工程，2019，27（5）：53～56.

[8] 熊斌，陈刚，李强，等．生活垃圾焚烧发电厂烟气湿法脱酸废水处理分析［J］．给水排水，2018，54（10）：64~67.
[9] 曹志．垃圾焚烧厂湿法烟气废水处理技术［J］．绿色科技，2019（12）：69~70.
[10] 严浩文，余国涛，杨杨．渗沥液浓缩液回喷处理对垃圾焚烧过程影响初探［J］．环境卫生工程，2019，27（2）：66~69.
[11] 李朋．生活垃圾焚烧电厂防臭措施与除臭系统设计［J］．四川环境，2020，39（3）：104~107.
[12] 王刚．浅析生活垃圾焚烧发电厂臭气控制［J］．环境卫生工程，2017，25（1）：33~35.
[13] 顾铮，李贝．生活垃圾焚烧发电厂渗沥液处理站臭气处理综论［J］．工程技术研究，2019（7）：251，252.
[14] 陈圆，洪勇，李英．垃圾焚烧电厂臭源分布及对策分析［J］．四川环境，2019，38（2）：65~68.
[15] 浙江环科环境咨询有限公司．鄞州区生活垃圾焚烧发电工程环境影响报告书．2015.

4 危险废物处置与资源化实习

实习目的

（1）了解危险废物的处置技术。

（2）了解医疗废物的处置技术。

实习重点

（1）危险废物安全填埋防渗系统的设计要求。

（2）医疗废物焚烧厂总体设计要求。

（3）医疗废物焚烧处置的系统组成及设计要求。

实习准备

实习前应充分回顾所学的相关专业知识，并查阅以下资料。

（1）危险废物的定义、特性、判别及处置技术。

（2）医疗废物的特性及处置技术。

现场实习要求

（1）以图片和文字的形式进行记录。

（2）记录危险废物的填埋量、填埋工艺流程、各处理环节详细的设计和运行参数。

（3）记录医疗废物的焚烧量、焚烧工艺流程、各处理环节详细的设计和运行参数。

（4）记录危险废物处置的运行管理资料，包括机构人员配置、岗位与职能、日常环保管理等。

扩展阅读与参考资料

（1）《危险废物填埋污染控制标准》（GB 18598—2019）。

（2）《危险废物处置工程技术导则》（HJ 2042—2014）。

（3）《医疗废物集中焚烧处置工程技术规范》（HJ/T 177—2005）。

（4）《危险废物填埋技术规程（征求意见稿）》。

4.1　固体废物处置中心简介

上海市固体废物处置中心隶属于上海市城市建设投资开发总公司，是上海市行政区域内首个固体废物环境污染防治的集约化处理中心，地处嘉定区工业园区，位于嘉定区嘉朱公路2491号，占地面积约180亩，总投资近4.2亿元，年处置能力为4.5万吨。中心地理位置如图4-1所示。

图4-1　上海市固体废物处置中心地理位置图

中心拥有的危险废物填埋场（一期工程），年处置规模4.2万吨，可填埋处置废物包括：生活垃圾及危险废物焚烧产生的飞灰和底渣，高毒性的化学品、农药废渣等，电镀污泥、表面处理污泥、废水处理污泥、含铅废渣、酸性污泥、碱性污泥等，石棉废物、受污染的土壤，废矿物油等，以及其他依法可以直接填埋处置的危险废物。

中心一期填埋库库区占地面积10800m^2，为地下钢筋混凝土填埋库，地下填埋库容为$9.18\times10^4m^3$，设计年处理能力2.5万吨；一期扩建库区占地约9000m^2，库容约$14.0\times10^4m^3$，其中地下部分约$6.5\times10^4m^3$，地上部分约$7.5\times10^4m^3$；设计年处理能力2.5万吨；2011年启动一期及扩建工程联合堆高工程，联合堆高至12m，总库容为$30.9\times10^4m^3$。

中心于2013年启动二期填埋库工程，二期填埋库位于中心场址西部（图4-2），占地面积19968m^2，填埋库容为$30.2\times10^4m^3$，其中地下部分约$18.2\times10^4m^3$，地下部分约$12.0\times10^4m^3$。项目填埋设计规模为$3.0\times10^4t/a$，设计服务年限为10.05年，总投资约10485.66万元。

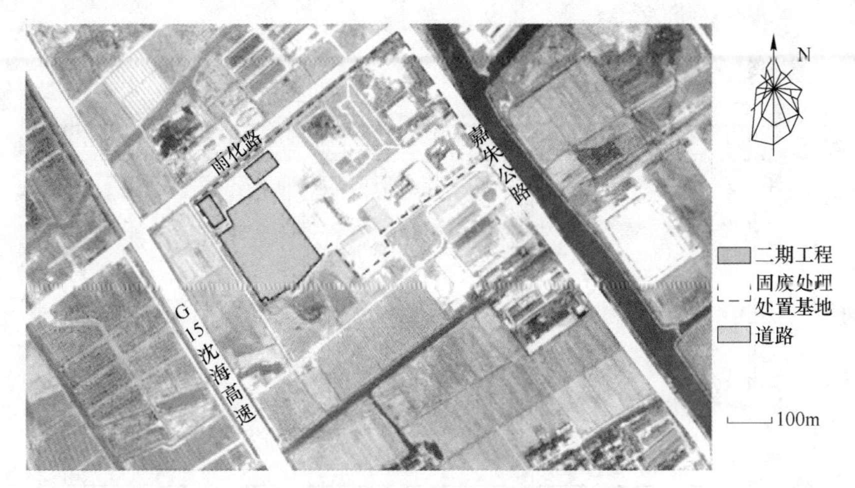

图 4-2　二期工程位置

中心于 2009 年建成了一条目前亚洲规模最大的医疗废物焚烧生产线，日处理能力为 72 吨，同时，建有两条日处理能力 25 吨的医疗废物焚烧线作为备用，确保上海市医疗废物的日产日清和安全处置。2009 年，中心全面启动医疗机构使用后的一次性塑料（玻璃）输液瓶（袋）集中回收处置项目，日处理规模 5 吨。此外，中心还建成一条 30t/d 的飞灰资源化生产线、生活垃圾焚烧飞灰重金属药剂稳定化 40t/d 的工程应用平台、30t/d 等离子体气化示范装置、年处理规模 2000 吨的电子废物拆解线以及 10t/d 湿污泥流化床焚烧示范系统。

4.2　危险废物填埋工程

填埋库总体规划设置 21 个地下刚性填埋库，总填埋容量达 88 万立方米，全部建成后年处置能力为 2.5 万吨。一期工程填埋库长 150m，宽 65m，库深 11.35m，一期工程包括 3 个容积为 64m×50m×10.7m 的钢筋混凝土填埋库，为分仓式钢筋混凝土结构，四周外墙为扶壁式挡墙结构，扶壁间距 5m，填埋库内用宽度为 2.0~3.8m 的空箱式扶壁分隔，扶壁间距 3m，底板下设预制混凝土方桩，桩长 22.5，间距 3m 左右。工程于 2001 年底完工。填埋库一期工程的平面和剖面如图 4-3 和图 4-4[1] 所示。

一期和一期扩建工程已于 2015 年底完成封场，其防渗系统、渗滤液导排和收集系统、地下水导排系统如下[2]。

4.2.1　防渗系统

4.2.1.1　一期工程

三仓皆有防渗透功能，底板为整体式结构，设后浇带与侧墙后浇带连通，侧

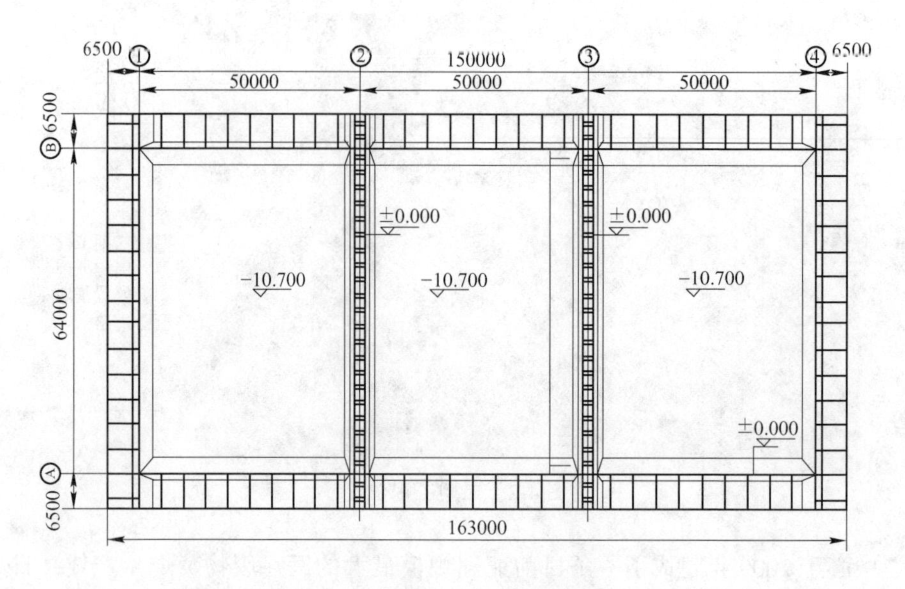

图 4-3 填埋库库顶平面俯视图

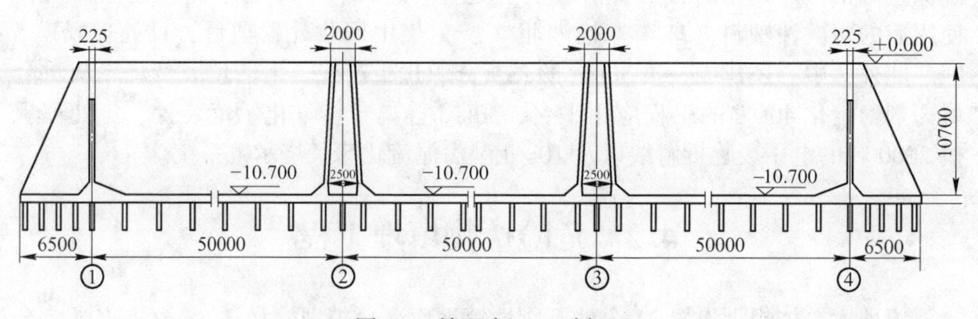

图 4-4 填埋库 *A—A* 剖面

墙采用扶壁式混凝土墙结构，设有 2.0mm HDPE 防渗膜，上下设两道止水片，抗渗等级为 S8。

库底为钢筋混凝土结构，从上到下依次为：土工布；300~325mm 厚卵石层（粒径 16~32mm）；土工布；2mm HDPE 防渗膜；GCL；6.3mm HDPE 复合土工网；混凝土斜坡；钢筋混凝土底板。HDPE 膜的渗透系数小于 1×10^{-14}cm/s。

一期填埋库池壁水平防渗系统自外而内分别为：土工布；2mm HDPE 防渗膜；土工布，钢筋混凝土池壁。地上柔性结构采用复合衬层防渗系统。

4.2.1.2 一期扩建工程

垂直防渗采用 ϕ850mm 三轴水泥土搅拌桩做垂直帷幕，侧管井斜坡面与坑内加固采用 ϕ700mm 双轴水泥土搅拌桩。

水平防渗系统采用双人工衬垫系统，其防渗结构如下：轻质有纺土工布；300mm 厚碎石渗沥液导排层；短纤针刺土工布；2mm 光面 HDPE 土工膜；GCL 土工聚合黏土衬垫；土工复合排水网；1.5mm 光面 HDPE 土工膜；GCL 土工聚合黏土衬垫；600mm 厚压实黏土层；轻质有纺土工布；300mm 厚碎石地下水收集层；轻质有纺土工布；基土。

边坡防渗系统由内到外依次为：5.0mm 土工复合排水网格；2.0mm 双毛面 HDPE 土工膜；GCL 土工聚合黏土衬垫；1.5mm 双毛面 HDPE 土工膜；600g/m² 短纤针刺土工布；基土。

4.2.2 渗滤液导排和收集系统

4.2.2.1 一期工程

渗滤液收集及导排系统由卵石排水层、HDPE 花管以及渗滤液集水井组成，卵石层内铺设有 De200HDPE 渗滤液收集管，收集管外包有土工布，将渗滤液收集进入集水井，通过潜水排污泵抽至渗滤液处理系统。

4.2.2.2 一期扩建工程

一期扩建工程包括主渗滤液收集系统和次渗滤液收集系统：主渗沥液收集系统由铺设于场底的碎石排水层以及安装在碎石层中的开孔渗沥液收集管组成。次渗滤液收集层为两个 HDPE 膜衬层中间的 5.0mm 土工复合排水网格；库底设有收集坑，通过渗滤液收集侧管通向位于填埋库东侧的侧管井，并通过渗滤液外排管排入调节池，设有潜污泵作为提升设施。

4.2.3 地下水导排系统

4.2.3.1 一期工程

三个填埋仓的仓底主脊线位置设有 300mm×120mm 排水槽，地下水通过 5‰ 的坡度汇入排水槽，在仓底一侧设置地下水排水管将排水槽收集的地下水输送至地下水集水井，集水井内安装有潜水排污泵进行提升，在排放管道上留有取水口，便于排放前进行水质监测。

采用土工聚合黏土衬（GCL），其下为混凝土斜坡和钢筋混凝土底板，刚性库体下面为隔水层，地下水位在黏土层底部 1m 以下。

4.2.3.2 一期扩建工程

地下水收集系统由地下水碎石导流层、地下水收集主盲沟、地下水收集边沟、侧管井及提升设备组成。

地下水导排层为位于基土和轻质有纺布支撑层上的 300mm 碎石层。碎石导流层中设置有 De250 穿孔 HDPE 地下水收集管，主盲沟沿库区主脊线布置，其中设有 De200 穿孔 HDPE 管；地下水收集边沟沿库区四周设置，其中设有 De160 穿孔 HDPE 管；收集的地下水通过 De500 地下水侧管流至侧管井，经地下水提升泵提升后纳入厂区的生产废水管网，经填埋库厂区排口纳入市政污水管网。

压实黏土层至填埋库底部为 300mm 碎石层和基土，库底位于隔水层，地下水水位在压实黏土层底部 1m 以下。

4.2.4　主要的防渗施工措施

整个工程防渗系统采用了“混凝土结构自防渗与填埋库内粘贴 HDPE 防渗膜”相结合的刚柔并重方案，填埋库内侧与库底的具体防渗构造如图 4-5 所示[3]。

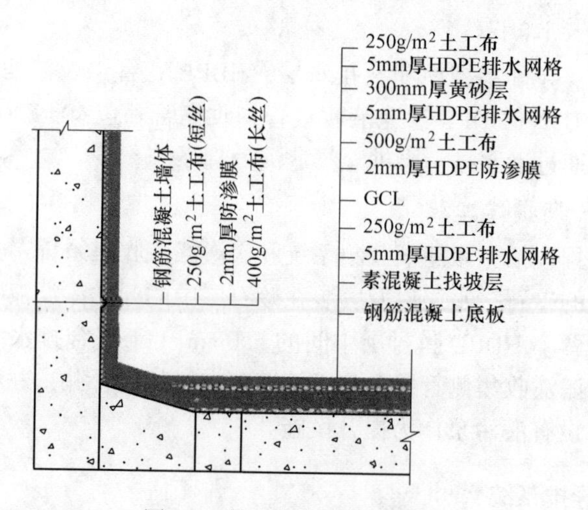

图 4-5　填埋库防渗构造示意

工程防渗的施工顺序是先完成库内侧墙壁的防渗施工，再铺设库底防渗系统。

4.2.4.1　内侧墙壁“反向挂贴法”铺贴防渗膜

（1）先在侧墙顶铺贴 3mm 厚、宽 150~200mm 的 SBS 卷材一层。

（2）将 $250g/m^2$ 的土工布与 $400g/m^2$ 的土工布缝合，沿墙壁先铺好 $250g/m^2$ 的土工布。

（3）将 2mm 厚的防渗 HDPE 膜裁成 10.2m 长的幅宽，在膜背面附加焊接 10 小块 500mm×600mm 的反向固定用的 HDPE 膜，最后将整块膜从上端卷起并捆绑好。用轻便吊车将膜卷吊入池内，从池底开始向上铺贴，注意校准位置起吊膜卷，边上升边放膜，同时安排工人对附加膜做射钉固定，完成后再取厚 1mm 的土工膜封盖射钉。

（4）等第2幅HDPE膜基本固定后，用热焊机焊接两幅膜之间的焊缝。完成后再对第1幅膜的顶端用螺栓固定。注意要校准位置，在修膜、钻孔、安装L50×4角钢和拧紧螺帽后，用手焊机将1mm厚的封盖膜与2mm厚的防渗膜焊接，并在墙顶用扁钢固定，最后折回焊接在墙面2mm膜上。

（5）HDPE防渗膜铺好后，上面再铺放400g/m^{2}的土工布并缝合。

4.2.4.2 库底防渗膜的施工

对每个池格的库底，采用纵向铺设方法，由两侧向中间铺设，能方便各层面的流水作业和成品保护。需要考虑卵石下料的场地时，可根据具体情况先空出场地一角。

（1）铺设5mm厚HDPE排水网格为保证基面平整与顺畅排水，不使膨润土衬垫（GCL）被硌破，网片之间采用对接法连接，但每隔1.5~2m需用一小块膜焊接，以便准确定位。考虑到温度变化情况，网片之间的收缩余量要大于20mm。

（2）250g/m^{2}土工布的安装。土工布的搭接宽度为150~200mm，接缝要和排水网格的接缝错开500mm以上，铺设要平整无皱折。

（3）膨润土衬垫（GCL）的安装。膨润土衬垫（以下简称GCL）又叫土工聚合黏土衬垫，是膨润土夹在土工织物中间或连接在土工膜上复合制成的，通常与土工膜配合使用。GCL搭接尺寸为横向150mm；纵向300mm，顺坡向搭接，在连接处要填塞适量的膨润土粒料。GCL的纵向接缝要和土工布接缝错开500mm以上。要注意运输吊装过程中，不使GCL布卷受到冲击、振动。铺设过程中，操作人员要穿清洁的胶底鞋，小心轻踩，尽量保护无纺织物，避免膨润土粘料的流失；发现有破坏处，要补填一定数量的散膨润土粒料。施工期间要避免被淋湿，要和土工膜的铺焊相配合；必要时，用1mm厚的土工膜暂时覆盖保护。

（4）2mm厚HDPE防渗膜的安装。池底HDPE土工膜安装前，先做好与侧墙防渗膜的连接。池底防渗膜的铺设顺序为顺着基础坡度由两侧向中间铺。相邻两幅膜铺设完后，及时焊接好之间的焊缝。膜和渗滤液收集井管的交接处是施工的重点部位。在严格的检验后，要求分区验收，以便于下道工序的进行。

（5）500g/m^{2}土工布的安装。防渗膜上500g/m^{2}土工布安装时，要和防渗膜铺设流水进行，尽量减少防渗膜的暴露时间，并注意对防渗膜的保护。

（6）HDPE排水网格及黄沙组成的疏水层安装。由两层HDPE排水网格和300mm厚黄沙层组合而成的疏水层施工对工程质量也至关重要，施工过程中必须确保铺设均匀，且避免铺设过程中对疏水层下防渗系统的破坏。

4.2.5 施工过程中的注意事项

4.2.5.1 无纺土工布的施工

在铺设过程中，若需进行局部剪切，必须使用专业土工布切割机械进行切割；相邻材料必须采取保护措施，以防切割无纺布对其造成损坏。铺设施工时，必须采取保护措施，既要防止对土工布造成损害，又要防止对下面已经安装好的防渗材料造成破坏。

4.2.5.2　GCL的铺设

GCL不能在大风、雨雪的天气下进行安装，安装时混凝土基层表面应清理干净。GCL在安装前，必须保证其干燥，在安装过程中不允许设备在无保护的材料上移动。在安装GCL的当天，其上必须要进行HDPE土工膜的铺设，用来保护已安装好的GCL。

4.2.5.3　HDPE膜的铺设

HDPE膜施工现场的所有人员都不能抽烟，禁止使用火柴、打火机和化学溶剂或类似的物品。

铺设HDPE膜前，应会同监理及有关部门对铺设基底进行全面检查。基底应无渗水、淤泥、积水、有机物和有可能造成环境污染的有害物质。

在整个铺设过程中，应考虑材料的热胀冷缩效应，即在天气冷的季节铺设，膜面可稍紧一点，而在高温季节铺设，应尽量放松膜面。

HDPE膜铺设完后，应尽量减少在膜面上行走、搬运工具等，以免对膜造成意外损伤。HDPE膜铺好后，应及时用沙袋将接缝处压住，防止大风将HDPE膜吹动移位。

4.2.5.4　HDPE膜的焊接

在下雨、风沙天气或HDPE膜的接缝处有潮气、露水等情况下不能进行焊接；接缝处不得有油污、灰尘、泥沙等杂物，如有，必须清理干净。

接缝处需要打毛时，其宽度应和焊缝宽度一致，一般以30mm左右为宜；采用单轨焊缝时紧靠两层膜的结合部位必须打磨，否则影响焊接质量；打磨后的表面必须保持清洁，遇有污染或落有泥沙等物时，应重新打磨。

每天开始焊接时，必须在现场先试焊一条长0.9m、宽0.3m的试件，并进行拉力试验，试件合格后，才准许正式焊接；试件上需标明日期和环境温度。

焊缝要求整齐、美观，不得有滑焊、跳焊现象；未进行百分之百热粘的焊缝，应随焊接的进行用湿布轻擦焊缝。焊接处的厚度不得低于单片HDPE膜厚度的1.5倍。

4.3　医疗废物焚烧工程

上海市固体废物处置中心目前已建成三条医疗废物焚烧生产线。其中，第一、第二条焚烧生产线为改造工程，处置规模合计为50吨/天，作为备用线（图

4-6)；第三条焚烧生产线处置规模为 72 吨/天，为目前世界上规模最大的医疗废物专用焚烧生产线（图 4-7），已于 2009 年年底投入运行。三条焚烧生产线共同承担起了上海市全市的医疗废物焚烧处置任务[4]。

图 4-6　第一、二条焚烧生产线

图 4-7　第三条焚烧生产线

第一、第二条焚烧线将原有两条焚烧线改造，改造后单条焚烧生产线的焚烧规模提高到 25 吨/天（即总规模有 50 吨/天），年设计运转能力可超过 310 天。工程采用回转窑焚烧、二次燃烧室高温分解的处理工艺。燃烧烟气经急冷塔急冷、旋风除尘器降尘并喷射干石灰、活性炭中和，布袋除尘，湿式洗涤塔脱酸，最后经 50m 烟囱高空排放。

第三条焚烧生产线遵循高起点、高质量、高水准的要求，按照国内一流、国际领先的水平设计建设，采用回转窑+二燃室焚烧处置工艺，高温烟气经余热锅炉蒸汽发电后，通过“急冷塔+循环流化干式脱酸塔+活性炭投放装置+布袋除尘器+湿式洗涤塔”工艺进行净化，实现了医疗废物安全、稳定、连续地焚烧运行。生产线主要由周转箱自动清洗、消毒、倒料、输送系统，恒流量自动进料系统，双进料保障系统，焚烧处置系统，烟气处理系统，余热回收发电系统，汽轮机发电系统，实时控制系统，一体化辅助管理系统组成。回转窑倾斜度 2.0°，窑内工作温度 850~1200℃，镶嵌耐火衬料后筒体外表温度为 180~380℃；两挡托轮支撑[5]。

第三条焚烧生产线由于应用了可调节医疗废物恒流量进料技术，自 2009 年正式投入使用，运行状况良好。通过该技术的使用，源头各项污染物（如 HCl、二噁英等）波动范围小，HCl 排放浓度基本可稳定在 3000~4000mg/m^3，各项污染物的排放指标都达到欧盟排放标准（DIRECTIVE—2000），避免了医疗废物处理所造成的二次污染。该生产线采用含高浓度氯化氢医废尾气处理技术后，可有效去除高浓度 HCl，根据项目进出口 HCl 浓度在线监测仪表显示，排放浓度低于 10mg/m^3，脱除效率达到 99.99%以上，HCl 浓度远低于欧盟排放标准（DIRECTIVE—2000），保证了尾气的达标排放。

医疗废物焚烧防玻璃结渣技术在三条生产线中均有应用，采用该技术，可使焚烧生产线设备运转率大大提高，清渣频率大大减少，焚烧生产线连续运转天数在 180 天以上，焚烧炉燃烧效率高于 99.99%，烟气排放符合相关标准。

4.3.1 可调节医疗废物恒流量进料技术

可调节医疗废物恒流量进料系统如图 4-8 所示，通过变频调节医疗废物进料量，可以从源头控制医疗废物的热值和污染物浓度的波动。该技术适用于 20~100t/d 的医疗废物或者危险废物集中焚烧处置厂。主要技术指标为：（1）确保医疗废物能稳定、连续、可靠地输送；（2）HCl 浓度波动控制在 3000~4000mg/m^3；（3）二燃室出口烟气量波动范围稳定在设计负荷的 80%~120%；（4）烟气排放指标全部达到欧盟排放标准（DIRECTIVE—2000）。该技术于 2010 年 5 月获中国环境保护产业协会“2010 年国家重点环境保护实用技术（A 类）”证书。

图 4-8 医疗废物焚烧炉恒流量进料系统

医疗废物焚烧炉恒流量进料系统由无轴双螺旋输送+拨料器+电动闸板+无轴

单螺旋输送组合装置组成。该装置的技术特点如下。

(1) 无轴单、双螺旋输送装置。采用可实现医疗废物动态连续、稳定进料无轴双螺旋输送机和无轴单螺旋输送机的输送装置。螺旋料槽中均无中心轴，抗缠绕性非常强，对于输送医疗废物中的棉纱、衣被等带状、易缠绕物料的进料，不易发生结拱和堵料的现象，确保了运行的可靠性，大大降低了能耗。

(2) DCS 变频调节控制系统。采用 DCS 变频调节控制系统，可在线根据回转窑出口的温度自动调节双螺旋电机频率，并与拨料门、电动闸门实现在线联锁控制，从而确保进入炉内的医疗废物焚烧量处于恒定流量并稳定运行。

(3) 电机均具备正、反转功能。无轴单、双螺旋输送电机均具备正、反转功能，一旦发生堵料现象，控制系统能够自动切换电机正、反转，防止物料卡阻。

4.3.2 含高浓度氯化氢医疗废物尾气处理技术

含高浓度氯化氢医疗废物尾气处理技术采用的是干式脱酸塔（包括滤袋）+湿式洗涤塔组合尾气处理技术。尾气首先经急冷塔降温至 250℃以下，随后烟气进入干式脱酸塔，脱酸塔内喷入石灰粉后在滤袋上形成 $Ca(OH)_2$ 滤饼，$Ca(OH)_2$和烟气中的 SO_2、HCl 和 HF 等发生化学反应，以达到初步去除气体中的酸性气体的目的。

经净化后的烟气再进入湿式洗涤塔，通过带喷嘴的喷头将循环液扩散到整个塔截面，确保所有气体都能够与循环液充分接触。最下层的喷头用来喷水以确保烟气进入反应段之前达到露点温度以下。洗涤塔上面有一个除雾器，通过该除雾器可从烟气流中去除所有的液滴。洗涤塔下部是循环水槽，循环泵从水槽抽取循环碱液，使得 NaOH 和 HCl 的比可达到 30 : 1~60 : 1，使脱酸反应完全。医疗废物焚烧炉烟气净化系统如图 4-9 所示。

图 4-9 医疗废物焚烧炉烟气净化系统

该技术适用于20~100t/d的医疗废物或者危险废物集中焚烧处置厂。主要技术指标为：（1）确保HCl浓度在55%~120%设计烟气量和浓度负荷的前提下，系统能稳定、可靠、安全运行；（2）确保焚烧设备连续运转天数在180d以上，年运转总天数超过300d；（3）HCl脱除效率大于99.99%，且HCl排放指标小于$10mg/m^3$，低于欧盟排放标准（DIRECTIVE—2000）中的氯化氢排放标准。该技术于2010年5月获中国环境保护产业协会“2010年国家重点环境保护实用技术（A类）”证书。

该技术的主要特点如下。

（1）操作弹性大，对高浓度HCl的波动适用性强，确保可达标排放。从国内区域性医疗废物焚烧厂的实际运行情况看，烟气含氯量普遍较高。该技术强化了酸性气体脱除的工艺设计措施，通过实时检测进出口HCl浓度和烟气流量，对不同的烟气流量、烟气成分能进行快速响应，迅速调整脱酸剂的投加量、补水量等工况参数，确保在HCl含量波动和浓度极高的情况下能够长期稳定地达标运行。采用该技术HCl脱除效率能达到99.99%以上，HCl排放浓度可在$10mg/m^3$以下，远低于欧盟排放标准（DIRECTIVE—2000）中的氯化氢排放标准。

（2）$Ca(OH)_2$和NaOH配比投加量经济合理。根据干式脱酸塔进口、烟囱处的HCl含量和湿塔pH值，系统可自动变频调节$Ca(OH)_2$和NaOH的投加量，采用最佳的$Ca(OH)_2$、NaOH与Cl的配比，最大限度地提高脱酸剂的利用率。

（3）注重防腐材料在各环节的合理应用。

4.3.3 医废焚烧防玻璃结渣技术

该工艺针对医疗废物玻璃结渣问题，在窑内易结渣处使用防结渣专用耐火材料（特种刚玉砖），并结合摇摆防渣及高温熔渣运行手段的处置技术，在防玻璃结渣方面取得了理想的效果。医疗废物焚烧线回转窑如图4-10所示。

图4-10 医疗废物焚烧线回转窑

该技术适用于20~100t/d的医疗废物或者危险废物集中焚烧处置厂。主要技术指标为：(1) 能确保焚烧设备连续运转天数在180d以上，年运转总天数超过300d；(2) 焚烧炉燃烧效率大于99.99%；焚烧炉焚毁去除率大于99.99%；残渣热灼减率小于5%；(3) 耐火材料使用寿命在8000~12000h；(4) 烟气排放全部达到欧盟排放标准(DIRECTIVE—2000)。该技术于2010年5月获中国环境保护产业协会“2010年国家重点环境保护实用技术(A类)”证书。

该技术的主要特点如下。

(1) 回转窑采用熔渣专用摇摆技术。回转窑配置可正、反转的变频电机达到摇摆功能，由回转窑炉床通过摇摆来翻动医疗废物，使之燃烧均匀，延长焚烧停留时间，使轴向窑尾剖面形成较大的温度差，高温区使熔渣尤其是极易粘附在耐火材料上的玻璃熔渣流动性加强，最终使得玻璃熔渣顺利排出出渣口。同时控制回转窑的摇摆角度，使得废物能在摇摆的作用下被均匀散料达到完全燃烧。

(2) 抗熔渣性耐火材料。在最易玻璃结渣的回转窑内壁采用耐腐蚀、耐高温、耐压强度高、热震稳定性好、高耐磨性、高抗渣性、抗剥落性优良和使用寿命长的特种刚玉材料。

(3) 高温熔渣技术。根据窑尾已经结焦的玻璃熔渣结渣情况，提高窑尾温度至熔点以上（一般高达1200℃左右），采用高温熔化，结合转窑摇摆，将窑尾各处的大块熔渣熔化至流态，连续流入底部出渣口，达到清除熔渣的目的。

4.3.4 二噁英控制技术

上海市医疗废物焚烧集中处置基地针对医疗废物理化特性，特别是二噁英的产生现状，在二噁英处置技术上采用了“活性炭投加+催化滤袋+活性炭固定床”的组合净化工艺[6]，二噁英排放浓度远低于欧盟排放标准(DIRECTIVE—2000)，在我国医疗废物焚烧烟气二噁英处置领域产生了良好的示范作用。

在危废处置中心装备的是一台平行流化固定床，主要特点是内部的活性炭颗粒是不断变换的，相比较其他的颗粒固定床结构而言，气流阻力比较小，不断摩擦后颗粒物产生的粉尘类物质，因为过滤阻力的原因，富集于底面的存储仓内，不需要经常清灰，定期检查后补充新的颗粒物进行气体的即刻过滤作业。

固定床内有三个腔体装填同种活性炭，根据气流速度、床层压力，对进气管道缩小，增加进气速度。根据每小时烟气量、停留时间、活性炭密度确定活性炭的床层体积量。固定床结构(图4-11)比较简单，日常不需要复杂保养。二噁英排放的环保监测数据显示，安装固定床后，烟囱出口处二噁英的排放浓度(TEQ)由0.04~0.07ng/m^3下降至0.003~0.01ng/m^3[7]。

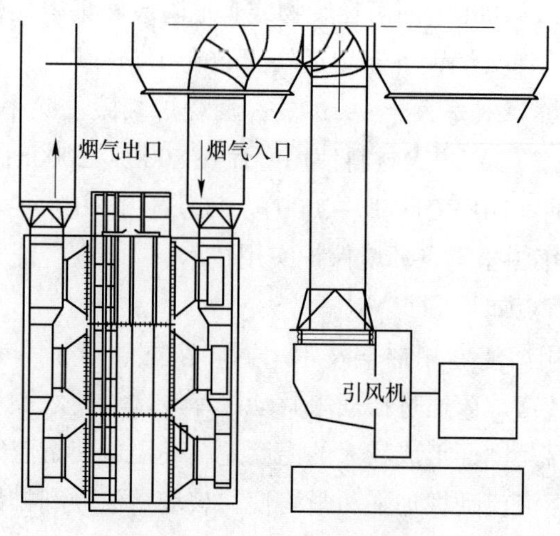

图 4-11 活性炭固定床侧视图

4.4 其他示范工程

4.4.1 一次性输液袋（瓶）的回收处理循环利用示范

上海市固体废物处置中心是上海唯一指定医疗废物焚烧处置单位。项目核心工艺是以使用后的一次性输液袋（瓶）为原材料，使用自动化、智能化、国产化的生产线，通过预处理、消毒、分选、破碎、清洗、脱标及脱水等工艺流程使之成为再生原料，用以制造医废包装袋、周转箱或垃圾桶等，从而实现资源的循环利用。

项目工艺包括预处理、消毒、分选、破碎、清洗、脱标、脱水及造粒等流程（图 4-12）[8]，全程高效清洁生产，再生材料出品率高、质量好，可满足医废包装袋、周转箱和垃圾桶的使用要求。

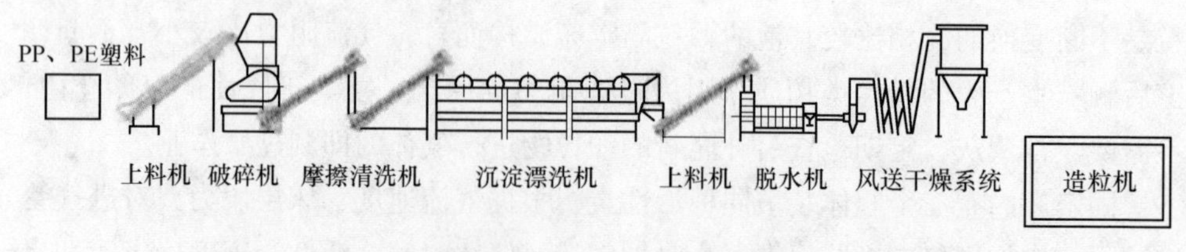

图 4-12 一次性输液袋（瓶）的回收处理循环利用工艺流程

工艺创新性在于：（1）能够安全、可靠地分离玻璃、聚丙烯和非聚丙烯塑料，并能够对其进行消毒、清洁和再造，实现资源的再利用；（2）采用具有光谱性的紫外线消毒设备，消毒速度快、效率高、操作方便，在消毒过程不产生废气污染，消毒效果好；（3）采用人工分选台分类筛选不同品种的塑料，然后去除杂质，并针对医疗废物废塑料的特性，分别设置PP塑料回收设备、非PP塑料回收设备，保证回收塑料的品质，并且更加纯净无污染。

项目完全建成后可回收利用医用一次性玻璃输液瓶10t/d，塑料输液袋10t/d，共5500t/a。该项目整套技术绿色环保，实现了一次性输液袋（瓶）的无害处理和资源循环利用。

生产线高效、节水、低能耗，主要设备有消毒设备、人工分选台、非PP塑料回收设备、PP塑料回收设备，同时配备了相关的环保监测和处理系统。其中核心的回收设备包括上料机、破碎机、摩擦清洗机、漂洗机、脱水机和造粒机等。生产设备的创新点如下。

（1）高速摩擦清洗机，采用倾斜式设计，利用物料自身重力增加摩擦的力度，彻底改变了以往靠人工脱标签的现状，大大提高了生产效率，减轻劳动强度。

（2）依据医用塑料含水量大、含杂量高、黏性强、易弯曲等特点，采用专用脱标机配套高速摩擦清洗机，以高速带水状态让物料充分摩擦并翻转，使输送瓶内盐水、纸浆等杂质与塑料物料表面剥离，破碎后的PVC塑料碎片与橡胶头在漂洗机内实现比重分离。

（3）漂洗机上部安装有漂洗辊，漂洗辊的机械结构有利于清洗碎塑料片上附有的杂质，橡胶头、纸浆、金属等将沉入池底，由底部螺杆定期排出。池中水位通过液位计和电磁阀自动补给。

（4）由于软质塑料的弯曲、包裹和填塞作用，该项目的脱水机采用离心式脱水机，通过脱水桶1400r/min的高速旋转，将PVC碎片上附着的水与碎片分离。

4.4.2 飞灰资源化示范工程

示范工程为30t/d的飞灰资源化生产线，运用飞灰水洗-脱水-水泥窑生产水泥熟料的生产工艺，使资源化生态水泥的各项技术指标达到国家标准。

工艺分为原灰预处理、飞灰水洗预处理、飞灰资源化三个阶段。原灰预处理阶段，加入30%有效成分为5%的药剂，以控制卸料过程中的扬尘和飞灰的重金属浸出，从而为飞灰的水洗预处理做准备。飞灰经水洗预处理处理后，氯含量可控制在0.6%。飞灰经脱水后，其含水率可降低至40%以下，飞灰水洗过程中产生的废水在处理后可以达标纳管，产生的飞灰成品可以与水泥生料混合，水泥生产过程各设备运转正常，各项排放指标达标，飞灰成品符合水泥产品的质量和环境标准。

4.4.3 飞灰重金属药剂稳定化工程应用平台

项目利用低成本、高稳定性、低增容比及工程可行性的飞灰稳定化药剂对生活垃圾焚烧飞灰进行稳定化，建成40t/d 的工程应用平台，稳定化产物各项指标均满足生活垃圾填埋场入场标准[9]。

选用磷酸盐组合药剂和硫基螯合剂（澳大利亚 Dolomatrix 公司）对飞灰进行重金属稳定化实验。磷酸盐组合药剂的最佳添加量为8%，稳定化飞灰的含水率为18%左右，稳定化飞灰的浸出液中的相应重金属含量均符合 GB 16889—2008 的限值要求。硫基螯合剂对飞灰中重金属的稳定化效果较好，稳定化飞灰的含水率为23.70%~28.60%。硫基螯合剂的最佳添加量为21%，稳定化飞灰的浸出液中的重金属含量均低于 GB 16889—2008 的限值。

4.4.4 等离子体气化示范装置

示范装置由上海市固废处置中心与吉天师能源科技（上海）有限公司共同建设完成，设备建于上海市固体废物处置中心第三条焚烧生产线公用工程楼西侧的预留用地上，占地面积约1500m^2。等离子体气化炉示范装置核心设备——等离子炬采用的是美国西屋环境公司进口等离子体专用技术，等离子体气化装置主体装置由进料系统、气化炉、二燃室、余热锅炉、静电除尘器、干式反应塔、布袋除尘器、湿式洗涤塔等部分组成。装置处置规模为30t/d，处置对象为危险废物、医疗废物和生活垃圾焚烧后产生的飞灰等。

4.4.5 废弃印刷线路板制备可塑化粒子生产线

上海市固体废物处置中心建有年处理规模2000吨的电子废物拆解线。废旧印刷线路板经过电子废物拆解线的破碎分离处理后，形成三部分产物：金属、树脂纤维和玻璃纤维。其中，金属可以打包外售；树脂纤维与玻璃纤维基本无利用价值，属于废渣。

示范项目利用环氧树脂粉末中的-NH、-OH 的活泼氢和一些具有双键的单体反应，再利用这些单体进行聚合反应，即在环氧树脂粉末外层接上活性单体，改性以后的环氧粉末和塑料单体混合后，提高相容性，然后进行可塑化加工，实现了废弃印刷线路板非金属粉末的资源化。

4.4.6 湿污泥流化床焚烧示范系统

此外，上海市固体废物处置中心还自主研发内循环流化床工业污泥处理工艺，开发了10t/d 湿污泥流化床焚烧示范系统，为国内工业污泥处理处置提供了参考。

参考文献

[1] 张艳军. 上海市固体废物处置中心一期工程结构设计 [J]. 中外建筑，2004 (3)：129~131.

[2] 史昕龙，钟江平. 关于危险废物填埋场的环境影响后评价探讨 [J]. 环境与可持续发展，2018，43 (1)：76~80.

[3] 陈淅军，沈钢，毛剑锋. 上海市危险废物安全填埋库防渗技术 [J]. 中国建筑防水，2004 (10)：24~26.

[4] 汪力劲，邹庐泉，卢青，等. 医疗废物焚烧处理核心技术的开发及应用 [J]. 中国环保产业，2010 (9)：19~22.

[5] 徐宝兴. 论医疗废物焚烧回转窑耐火材料工程设计 [J]. 广东科技，2014，23 (12)：175，176，216.

[6] 史昕龙. 医疗废物回转窑二噁英生成及控制对策 [J]. 建筑科技，2018，2 (2)：72~74.

[7] 杨菲，朱杰. 活性炭固定床在医废焚烧烟气吸附二噁英作用研究 [J]. 资源再生，2017 (5)：54~56.

[8] 朱杰，杨菲. 医用一次性输液瓶/袋回收利用的生产技术和过程管理 [J]. 资源再生，2016 (5)：58~60.

[9] 邹庐泉，吴长淋，张晓星，等. 满足《生活垃圾填埋污染控制标准》的生活垃圾焚烧飞灰重金属药剂稳定化研究 [J]. 环境污染与防治，2011，33 (3)：261~264.

5 燃煤火电厂生产实习

实习目的

（1）了解燃煤火电厂的日常管理与二次污染防护。

（2）了解烟气在线监测系统的组成和功能。

（3）了解燃煤火电厂灰渣去向。

（4）掌握燃煤火电厂烟气组成特征及脱硫、脱硝、除尘工艺。

（5）掌握燃煤火电厂脱硫废水和工业废水的水质特征和处理工艺。

实习重点

收集燃煤火电厂的烟气和废水排放参数。

实习准备

实习前应充分回顾所学的相关专业知识，并查阅以下资料。

（1）燃煤火电厂烟气组成特征及脱硫、脱硝、除尘工艺。

（2）燃煤火电厂脱硫废水、化学再生废水、灰渣水、机组排水、反渗透浓水的水质及处理工艺。

现场实习要求

（1）以图片和文字的形式进行记录。

（2）记录燃煤火电厂烟气处理系统和废水处理系统的操作运行过程和规程、现场的操作人员、操作器械的类型和数量，以及运行操作管理规范。

（3）记录燃煤火电厂烟气脱硫工艺流程及各处理环节详细的设计和运行参数。

（4）记录燃煤火电厂烟气脱硝工艺流程及各处理环节详细的设计和运行参数。

（5）记录燃煤火电厂烟气除尘系统的工艺流程及各处理环节详细的设计和运行参数。

（6）记录燃煤火电厂脱硫废水和工业废水的产生量、进出水水质、处理工艺流程及各处理环节详细的设计和运行参数。

（7）记录燃煤火电厂烟气在线监测系统各监测点的位置、气体组分和含量、烟气参数、烟气污染物排放速率和排放量。

（8）记录燃煤火电厂环保部门（烟气处理、废水处理、灰渣清除系统）的运行管理资料，包括机构人员配置、岗位与职能、日常环保管理等。

扩展阅读与参考资料

（1）《火力发电厂石灰石-石膏湿法烟气脱硫系统设计规程》（DL/T 5196—2016）。

（2）《石灰-石膏湿法烟气脱硫工程通用技术规范》（HJ 179—2018）。

（3）《火电厂烟气脱硝技术导则》（DL/T 296—2011）。

（4）《火电厂烟气脱硝工程技术规范　选择性催化还原法》（HJ 562—2010）。

（5）《火电厂除尘工程技术规范》（HJ 2039—2014）。

（6）《固定污染源烟气（SO_2、NO_x、颗粒物）排放连续监测技术规范》（HJ 75—2017）。

（7）《固定污染源烟气（SO_2、NO_x、颗粒物）排放连续监测系统技术要求及检测方法》（HJ 76—2017）。

5.1　燃煤火电厂简介

上海电力股份有限公司某热电厂，成立于1958年8月，坐落于吴泾工业区，毗邻黄浦江第一湾，占地359亩，为上海电力股份有限公司的全资企业。

据国家发展和改革委员会文件发改能源［2006］1785号文《国家发展改革委关于上海某热电厂老厂改造工程项目核准的批复》，电厂关停原有的1~6号老机组，改建2台300MW热电联供燃煤发电机组（8号和9号机组）。电厂“上大压小”工程，被列入上海市“十一五”重大工程项目。8号和9号机组分别于2010年2月和10月建成投产。

5.2　烟气净化系统

电厂烟气净化系统采用选择性催化还原（SCR）法脱硝、静电除尘、湿式石灰石-石膏（FGD）法脱硫，工艺流程图如图5-1所示。

5.2.1　烟气脱硫系统

电厂湿式石灰石-石膏（FGD）脱硫，其工艺流程图如图5-2所示。

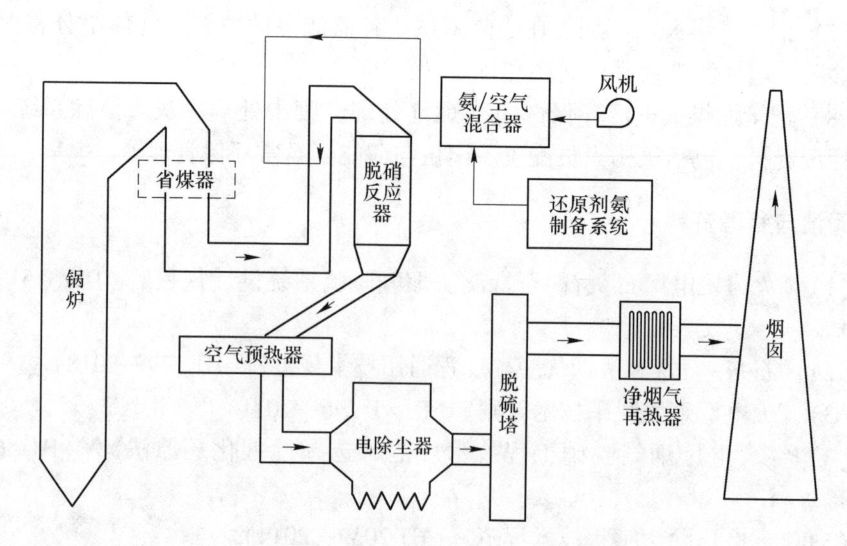

图 5-1 电厂烟气净化工艺流程

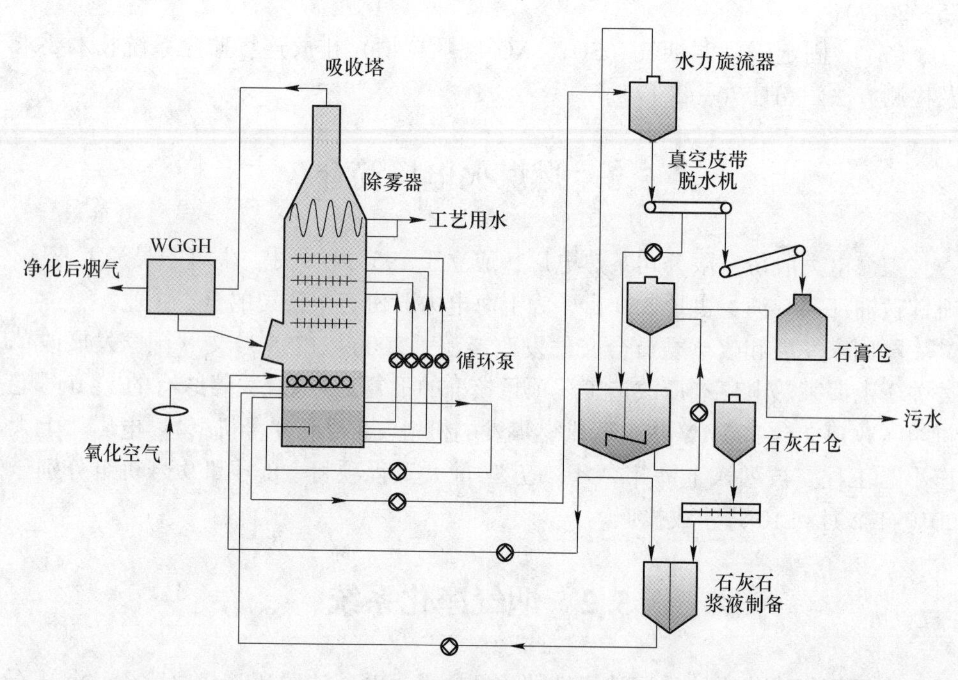

图 5-2 电厂脱硫工艺流程

5.2.1.1 *石灰石浆液制备系统*

脱硫所需石灰石粉通过专门的密闭汽车运输至脱硫石灰石仓。石灰石仓的直径为7m，容量为300m³，可供1台300MW机组在锅炉最大连续蒸发量（boiler-maximum continue rate，BMCR）工况下燃用校核煤种时约5d的需求量。石灰石仓顶部设有布袋除尘器及压力真空释放阀，每个粉仓设有雷达式连续料位计。为保证卸料流畅，粉仓设有流化系统，包括3台流化风机（1运2备）和3台流化加热器。

石灰石浆液制备系统中2台炉共设置2座容积为40m³的配浆箱，可满足本系统300MW机组脱硫设计煤种BMCR工况下4h的浆液消耗量，系统用水采用工艺水，调制好的石灰石浆液通过配浆泵输送至2座吸收塔。系统共设置4台配浆泵，每2台泵（1运1备）对应一座吸收塔。

石灰石浆液具有一定的腐蚀性，系统中与浆液接触的设备，如吸收池、浆液箱、搅拌器、泵、阀门等都考虑了防腐、防磨措施。

5.2.1.2 烟气系统

从锅炉吸风机后的烟道上引出的烟气，通过增压风机升压后进入吸收塔。在吸收塔内脱硫净化，由除雾器除去水雾后，再接入主烟道经热媒循环水烟气加热器（water gas gas heater，WGGH）再热器将烟气升温后，经烟囱排入大气。

脱硫系统的增压风机进出口烟道上设有关断挡板门，在增压风机旁路烟道上设有增压风机旁路挡板。当机组负荷小于50%、进入湿式石灰石-石膏（FGD）脱硫系统的烟气超压或增压风机故障、检修停运时，开启增压风机旁路挡板，烟气经过增压风机旁路烟道进入吸收塔后，再由烟囱排放。为了防止FGD装置停运后吸收塔超压，在吸收塔顶部设有排气阀。所有能接触到腐蚀性气、液体的设备均衬以玻璃鳞片树脂进行保护。

增压风机用于克服脱硫烟气系统的阻力。增压风机的基本风量按吸收塔设计工况下的烟气量考虑；增压风机的风量裕量不低于10%，温度裕量不低于10℃。增压风机的液压调节系统、轴承、油站均设有保护控制联锁与报警信号。风机导向叶片的执行机构接受调节回路的指令，通过调节叶片开度改变风机的烟气流量。调节回路引入机组吸风机后原烟气压力及引风机开度作为反馈信号，在调整过程中，使增压风机与吸风机具有相同的动态特性，并维持增压风机进口挡板前的烟气压力为一定值。

为防止高温烟气进入吸收塔后损坏塔内设备，在炉8、炉9增压风机出口烟道与吸收塔连接处，各设有一排冷却水喷嘴。当进入吸收塔的烟气温度（或吸收塔出口烟气温度）超过设定值时，吸收塔入口冷却水阀自动开启喷水降温。吸收塔入口冷却水源为脱硫工艺水，并另接一路消防水作为工艺水的备用水。

5.2.1.3 吸收塔系统（SO_2 吸收系统）

吸收塔系统是烟气脱硫系统的核心部分，主要包括吸收塔、除雾器、浆液循环泵和氧化风机等设备。在吸收塔内，烟气中的 SO_2 被吸收浆液喷淋洗涤并与浆

液中的 $CaCO_3$ 发生反应，反应生成的亚硫酸氢钙在吸收塔底部的循环浆液池内被氧化风机鼓入的空气强制氧化，最终生成石膏，由吸收塔排浆泵送入石膏脱水系统处理。脱硫烟气经吸收塔顶的二级除雾器除去脱硫过程中生成的细小液滴，在含液滴量低于 15mg/m^3（干态）的情况下，再通过 WGGH 烟气再热器升温后，排入烟囱。

系统按一炉一塔设置，型式为逆流式喷淋吸收塔。吸收塔为圆柱体，底部为直径 11.7m 的循环浆液池；上部为喷淋洗涤区，布置了两层烟气再分布器和五层喷嘴；顶部布置三级除雾器，用于分离烟气中的浆液雾滴。

吸收塔循环浆液池中的吸收剂，是石灰石浆液制备系统输送来的石灰石浆液，浆液通过 5 台离心式浆液循环泵循环。在浆液池中布置有氧化空气系统，氧化空气通过喷管输送到吸收塔浆液池中，新鲜的氧化空气通过入口消音器和空气过滤器被吸入，经过氧化风机压缩，再通过出口消音器经管道输送到吸收塔内的水平喷管后排入吸收塔。在氧化风管上还装设有冷却水喷淋装置，目的是防止氧化空气温度过高，使氧化喷管口结晶堵塞流通面积。每座吸收塔的氧化空气由 2 台氧化风机（1 运 1 备）提供，其主要作用是将亚硫酸氢钙就地氧化成石膏。石膏浆液通过吸收塔排浆泵输送到脱水系统。

浆液池中的 4 台搅拌器为水平径向布置，作用是保持浆液的流动状态，使 $CaCO_3$ 固体微粒在浆液中处均匀悬浮状态，保证浆液对 SO_2 的吸收和反应能力。

在吸收塔中部喷淋层的下方，安装有一层沸腾式传质构件。其作用是一方面可均匀分布进入吸收塔的烟气，另一方面，当浆液循环泵运行时，下落的浆液在构件上方形成一层液膜，烟气通过液膜时也会有一定的脱硫效果。

五层喷淋层安装在吸收塔上部烟气区，5 台浆液循环泵各自对应于一层喷淋层。在浆液循环泵的入口设置有浆液滤网，在其出口设置有冲洗水，当浆液循环泵停运后，应对其进行冲洗。浆液循环泵将浆液打入喷淋层，由喷嘴喷淋下落形成喷淋区。烟气在喷淋区自下而上流过，被喷淋下落的石膏浆液冷却，并由浆液中所含的水蒸气进行饱和，温度降到饱和温度。

吸收塔顶部的三级除雾器都安装了喷淋水管，通过控制程序进行冲洗，用以清除除雾器表面上的结垢，并补充因烟气饱和而带走的水分，维持吸收塔内正常液位。在除雾器顶部，安装有一套烟气再分布器，使得进入 WGGH 再热器的烟气流场更加均衡。

吸收塔系统水的损耗（烟气饱和，副产品水分）一部分通过除雾器加入新的工艺水，一部分通过石灰石浆液、石膏滤液来补充。

当吸收塔需要停机检修时，吸收塔内的循环浆液由吸收塔排浆泵排出存入事故浆液箱中。系统两台机组共用 2 个事故浆液箱，事故浆液箱中的浆液可通过 2 台事故浆液泵返回到任意一座吸收塔中。

5.2.1.4 石膏脱水系统

吸收塔排浆泵将吸收塔中的反应产物（重量浓度为15%~25%石膏浆液），通过管道输送至石膏旋流器中。经过旋流器的分离，石膏浆液浓度由15%~25%浓缩至50%左右，由旋流器的底部出口排出，经石膏分配箱自流至对应的真空皮带脱水机。旋流器顶部溢流液一部分通过滤液池的滤液泵送回吸收塔进行再利用，一部分进入废水给料箱，进行第二级分离。系统共设2台真空皮带脱水机，1运1备，每台出力为13t/h（含10%水分），能处理2台炉BMCR工况下，燃用校核煤种时100%的石膏浆液产量。石膏浆液经脱水机脱水后，制成含水量低于10%的石膏，再通过石膏皮带转运至石膏库储存。

脱水系统中设有3台水力旋流器，其中石膏旋流器2台、废水旋流器1台。水力旋流器由溢流嘴、入口件、锥筒、沉砂嘴等组件，通过卡箍、活动法兰盘和螺栓组合在一起。水力旋流器内颗粒分级的基本原理是离心沉降。颗粒在离心力作用下具有向旋流器壁沉降的趋向，粗颗粒所受离心力较大，向旋流器壁面运动并随外旋流从旋流器底部排出形成底流；细颗粒所受离心力较小，来不及沉降就随内旋流从溢流管排出形成溢流。

真空皮带脱水机由橡胶滤带、真空室、驱动辊、胶带支承台、进料斗、滤布调偏装置、驱动装置、滤布洗涤装置、机架等部件组成，利用物料重力和真空吸力实现固液分离。真空皮带脱水机的工作原理如下：环形胶带由电机经减速拖动连续运行，滤布敷设在胶带上与之同步运行；胶带与真空室滑动接触（真空室与胶带间由环形摩擦带通入水形成水密封），当真空室接通真空系统（由真空泵、滤液分离器及附属阀门、管道组成）时，在胶带上形成真空抽滤区；料浆由布料器均匀地分布在滤布上，在真空吸力的作用下，滤液穿过滤布经胶带上的横沟槽汇总并由小孔进入真空室，固体颗粒被截留而形成滤饼；进入真空室的液体经气水分离器排入滤液池，随着胶带移动已形成的滤饼依次进入滤饼洗涤区、吸干区；最后滤布与胶带分开，在卸滤饼辊处将滤饼卸出，卸除滤饼的滤布经清洗后获得再生，再经过一组支承辊和纠偏装置后重新进入过滤区。

滤液池收集石膏旋流器的顶流和废水旋流器的底流液、废水给料箱的溢流液、真空皮带脱水机的底部收集液、气液分离器的滤液、滤布冲洗水箱的溢流等，滤液池设置了一用一备的滤液泵，通过滤液泵将浆液送回炉8或炉9吸收塔中循环使用。

石膏在脱水后，通过真空皮带脱水机头部漏斗卸料，可将产出的石膏卸入位于其正下方的石膏转运皮带上，再经犁式卸料器和皮带头部料斗卸入脱水楼底部的石膏仓内。为防止脱水机头部漏斗堵塞，在漏斗处装有振动器根据设定时间振动。石膏仓的面积为400m^2，堆高可达5.4m，在两台机组燃烧校核煤种的工况下，可贮存本系统2台炉BMCR工况下约3d的石膏产量。

由于石膏浆液容易沉积，所以在废水给料箱、废水箱、滤液池等箱、池中都安装有搅拌器。同时为防止设备停运时浆液在管道、泵中沉积，造成堵塞，在各浆液泵、管道上都设置了工艺水冲洗系统。此外系统中与浆液接触的设备都考虑了防腐、防磨措施。

5.2.2 烟气脱硝系统

SCR 脱硝系统布置在炉后的三分仓容克式空气预热器进口烟道。为满足环保低负荷投用脱硝的要求，还装有宽负荷脱硝装置，利用炉水来提高省煤器进水温度，从而达到提高 SCR 进口烟温的目的，使机组在低负荷及启停阶段投用脱硝，减少 NO_x 的排放。

炉 8、炉 9 宽负荷脱硝装置分为两路管道，一路管道是由炉水泵 C 出口管道接至锅炉主给水管道（炉 8 接至省煤器进水逆止门后，炉 9 接至省煤器进水门后），另一路管道是由锅炉省煤器进水逆止门前接至炉水泵 A 出口管道，两路管道分别装有隔绝门和调整门，在炉水泵 C 的两根出口管道上还分别安装了两个节流阀。该装置的作用是将高温的炉水混入省煤器进口的给水以提高省煤器进水温度，从而减少省煤器的吸热量，提高 SCR 入口烟温。使锅炉在低负荷运行及启停操作时提高 SCR 入口烟气温度，达到脱硝在低负荷时也能正常投运的要求。

电厂采用选择性催化还原技术（SCR）脱硝，即在催化剂的作用下，喷入还原剂氨，将烟气中的 NO_x 还原成 N_2 和 H_2O，相关反应式见式(5-1)~式(5-4)：

$$4NO + 4NH_3 + O_2 \longrightarrow 4N_2 + 6H_2O \tag{5-1}$$

$$6NO + 4NH_3 \longrightarrow 5N_2 + 6H_2O \tag{5-2}$$

$$6NO_2 + 8NH_3 \longrightarrow 7N_2 + 12H_2O \tag{5-3}$$

$$2NO_2 + 4NH_3 + O_2 \longrightarrow 3N_2 + 6H_2O \tag{5-4}$$

脱硝系统主要是由 SCR 系统和氨区系统组成。

SCR 系统包括烟气系统、触媒吹扫系统。SCR 系统反应器本体是实现还原反应场所，在 SCR 区将氨气与空气混合后注入 SCR 反应器进口烟道，与烟气充分混合后，氨作为还原剂在催化剂的作用下与氧化氮反应生成水和氮气，使得 SCR 出口氧化氮浓度降到规定值。

在氨区系统中，液氨槽车运来的液氨进入脱硝氨区，用压缩机抽取液氨储罐内的气相，加压后送入液氨槽车。这样，液氨槽车和液氨储罐存在压力差，靠这个压差将液氨槽车的液氨卸入液氨储槽。液氨从液氨储罐放出，进入气化器，气化器为电加热水溶式液氨蒸发器，液氨从浸没在水中的不锈钢盘管内通过，吸收温水的热量后气化并过热，经过设备本身的气液分离器后气氨调压至所需压力进入氨气缓冲罐，然后送出气化站供后续工序使用。气化器的温水采用电加热而保温控制根据水温的高低自动开关电加热器，使水温控制在规定的范围。在冬季如果气温过低影响液氨储罐中液氨的自流放出时，可改用液氨泵将罐内液氨抽送至气化器，但这一备用副线在通常情况下应是关闭的。流程中有多处氮气置换的接入点，按规定需进行氨气置换时应严格按照对应的接入点接入氮气。由于各种原因产生的回收氨或含氨溶液不容许外排及泄露，一律应通过管路有组织地引至相应的氨吸收槽及废水池制成氨水溶液，然后送去污水处理。脱硝氨区工艺流程如图 5-3 所示，氨耗量随入口烟气 NO_x 浓度变化曲线如图 5-4 所示。

储氨罐区的棚顶下设置水喷雾防护冷却系统，设计喷雾强度为 9L/(min·m²)，持续喷雾时间为 6h，以防止氨泄漏引起空气中氨的浓度达到 16%（氨与空气混合物爆炸极限为 16%~25%）。

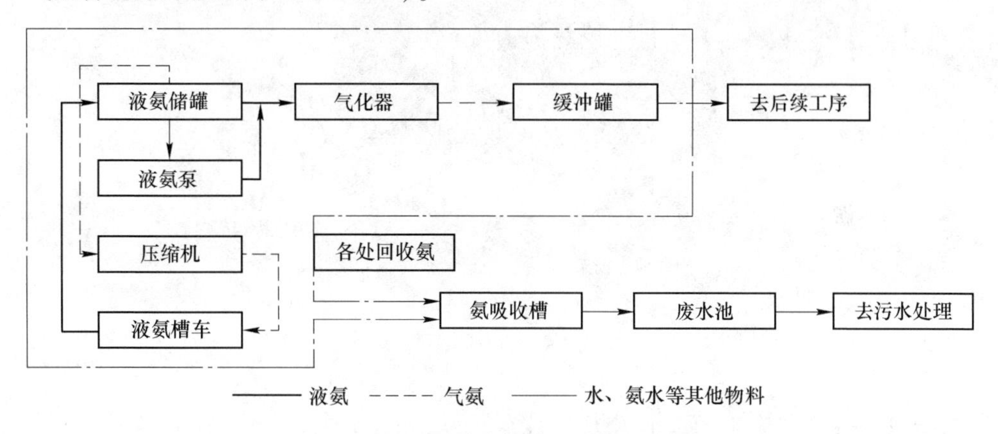

图 5-3 脱硝氨区工艺流程

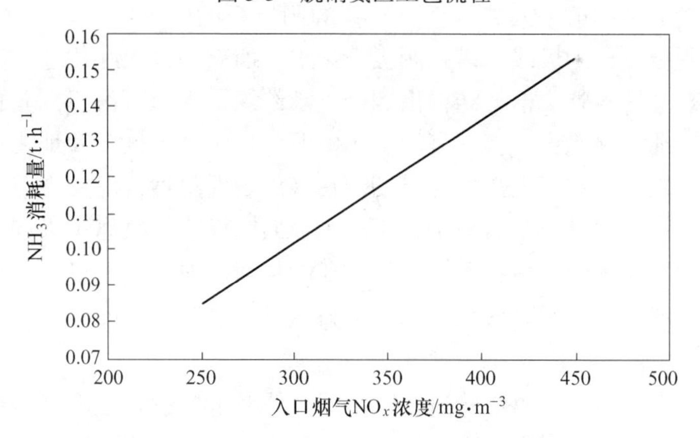

图 5-4 氨耗量随入口烟气 NO_x 浓度变化曲线

5.2.3 烟气除尘系统

机组采用静电除尘器（图 5-5）除尘，其作用是去除锅炉尾部烟气中的粉尘。

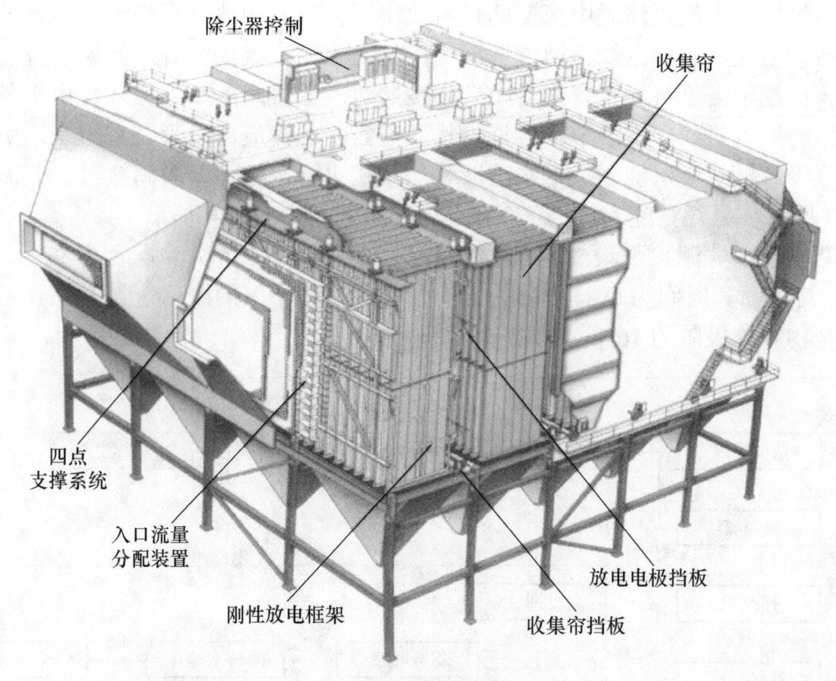

图 5-5 静电除尘器

5.2.3.1 电除尘的工作原理

锅炉烟气通过烟道进入装有垂直悬挂的阳极板的电场中，在每个通道中间，都挂有一排阴极线，阴极线悬吊在阴极框架上，所有的框架互相连在一起形成了一种刚性框架结构，整个框架结构由四个支承绝缘子支承，吊于固定位置，整个框架与所有接地零件绝缘。将一直流高压电源，接至阴极框架和地之间，因而在框架的极线和极板之间产生强大的电场。在极线表面附近，电场强度最大，形成阴极线放电，产生大量正、负离子，正离子吸向阴极线，负离子吸向阳极板，负离子在运动中与烟气中的尘粒碰撞并粘附在尘粒上，使尘粒带电，大量灰尘吸附在阳极板上，通过阴、阳极周期性振打，将灰尘振落至灰斗内。

5.2.3.2 设备的结构及其特点

除尘系统主要由进、出口管道，除尘器本体及电气设备三大部分组成，烟气从锅炉空气预热器出口后，经进口管道分四路通过 WGGH 烟气冷却器，再进入 2 台除尘器 4 个电室，净化后流经出口管道汇集，进入脱硫烟气系统。

A 进、出口管道

进、出口管道分别布置于除尘器前、后，起传送、均配烟气作用，管道上配有软性膨胀节，吸收管道受热引起的三向膨胀量。管道上配置的不同规格关闭挡板风门，根据需要通过电动装置操作。进口管道中间的连通管及其风门可对空气预热器出口烟气输送方向互换。管道内每个转角处，装有导向叶片，对烟气起均衡稳向作用，管道的布置形状和导向叶片的安装角度，按经验确定了最佳值，管道各段上有测试孔，用以性能测定及试验。在电除尘前的四个通道的直管段上，配有四组烟气冷却器，可将进入电除尘的烟气温度降至90℃左右，对降低烟气流速、提高除尘效率都有一定作用。

B　除尘器本体

a　进、出口喇叭

进、出口喇叭呈锥台形，小端与管道相连，大端与电场相连，每台除尘器配有进、出口喇叭各2只。进口喇叭内置有三层多孔气流分布板，孔径85mm，出口喇叭内置有一层槽形气流分布板，槽宽120mm，烟气流经进、出口喇叭时，因截面突然扩大和缩小流速发生变化，影响收尘效果，气流分布板的设置可以弥补这一缺陷，起稳定、均布气流的作用，提高电场收尘效率。

电除尘在安装结束后，需做冷态气流均布试验，电场内速度分布均差最大允许值为20%，若超值，通常以导流板予以调整。

b　灰斗

灰斗形状为角锥形，下口内径ϕ300mm，每台除尘器配灰斗16只，每只灰斗容量为54m^3。为防止积灰，灰斗锥面角度设计为28°，灰斗底部采用双层覆板结构，灰斗外侧包裹U型蒸汽加热管道，用蒸汽加热防止灰斗内灰冷凝。斗内配有阻流风板，避免烟气从灰斗内流窜而降低除尘效率。每只灰斗对应的气锁阀还装有取样门，便于灰斗检查及灰取样。

c　滑动支承轴承

为避免电除尘器由于膨胀产生对钢支架的作用力，在每台除尘器本体各支承点上均设有导向或非导向滑动支承轴承，滑动接触面覆有一层摩擦材料，保证电除尘器受热后自由膨胀。

d　高压放电系统（阴极系统）

高压放电系统即放电极系统是除尘器最重要的部分之一，该系统通入直流高压后，极线上产生电晕，使烟气中尘粒带电，极线必须保持在每一通道的中间位置上，避免与极板距离过近而降低工作电压。

除尘器采用的极线是不锈钢芒刺线，悬挂于刚性框架上，通道内阴极线距225mm，每只框架有四个悬吊点，由位于顶部的支承绝缘子支承。每个悬吊点实际荷重约3T，适用温度350℃，最大均载受压值为50T。支承绝缘子安装在保温箱内，箱顶设有顶盖，便于检修。为防止支承绝缘子结露，绝缘子室的温度应控制在露点温度以上，用电加热器加热。

高频高压整流器安装于除尘器顶部，经穿墙套管直接与放电系统相连接，穿墙套管安装在保温箱内，因此不需用高压电缆。

e 阴极振打系统装置（高压放电系统振打装置）

在除尘过程中，放电极和阴极框架上不断积聚灰尘，必须通过振打来保持极线和框架的清洁。除尘器采用顶部振打，电磁振打锤击在框架冲击梁上（冲击梁连接于框架中间部分），锤头所产生的振打力就有效地分布到框架的所有部分，包括所有阴极线上。

瓷轴保温箱用电加热器加热，温度控制在露点以上，防止瓷轴结露。

f 收尘极系统（阳极系统）

收尘系统由阳极排组成，每台除尘器通道数为24、阳极排为50，每排阳极排有8块阳极板构成，对称悬挂在悬吊杆上。中间有导轨互相连接，底部用虎克螺钉牢固连接在振打杆上，振打杆由导向板定位，可避免摆动。

g 阳极振打系统装置（收尘极系统振打装置）

收尘极振打型式采用侧面传动的自由落锤式单面振打，锤头型式与放电系统振打相似，每排阳极排对应一只锤头。传动电机直接带动振打轴，随着振打杆的转动，各锤头将依次击落在各阳极排的振打杆上。均匀地传递给每块阳极板。根据以往测定，采用该振打系统，极板排上离振打锤最远之点的最小振打加速度值大约为150g，极板上聚集的灰尘层在此加速度下均匀滑落，因而可使二次飞扬保持在最低程度。

每个电室配有一套阳极振打装置，并设有人孔门及检修通道便于检修。所有振打部件在设计时都作为关键性零部件，能够在高温和腐蚀环境下，长期经受变载荷和磨损。

h 灰斗加热系统

自锅炉辅汽系统引来的一路蒸汽管道，经过相关管道连接至每个灰斗，再通过管道将冷凝后的疏水引至电除尘冷凝水箱。冷凝水箱收集到的疏水经电除尘冷凝水泵输送至机组8/9排水槽或炉11热媒水箱。电除尘进口辅汽总管装有进汽总门、隔绝总门、流量计、温度计等，各灰斗辅汽管道上装有进汽门、排汽门、疏水门及旁路门等。

C 电气部分

电气部分有高频高压直流电源装置及其控制系统和低压控制系统。

高频电源原理上主要由变换器、高频变压器、控制器三大块组成。三相交流输入整流为直流电源，经逆变为高频交流，最后整流输出直流高压。变换器实现直流到高频交流的转换，高频变压器/高频整流器实现升压整流输出，为静电除尘器（ESP）提供电源。

基于高频开关技术的高频电源是一个与线路频率无关的可变脉动电源，给除尘器提供接近纯直流到脉动幅度很大的各种电压波形，针对各种特定的工况，可以提供最合适的电压波形，从而提高除尘效率。与工频 50Hz/60Hz 高压电源相比，高频电源纯直流供电时的输出电压纹波通常小于 5%，远小于工频电源 35%~45%的纹波百分比，其闪络电压高，运行平均电压可达工频电源的 1.3 倍，运行电流可达工频电源的 2 倍，在同样的电场里，能够输入更多的功率，从而能够有效地提高收尘效率。高频电源与常规电源供电输出对比如图 5-6 所示。高频电源间歇脉冲供电时可有效抑制反电晕现象，实现保效节能，特别适用于高比电阻粉尘工况。

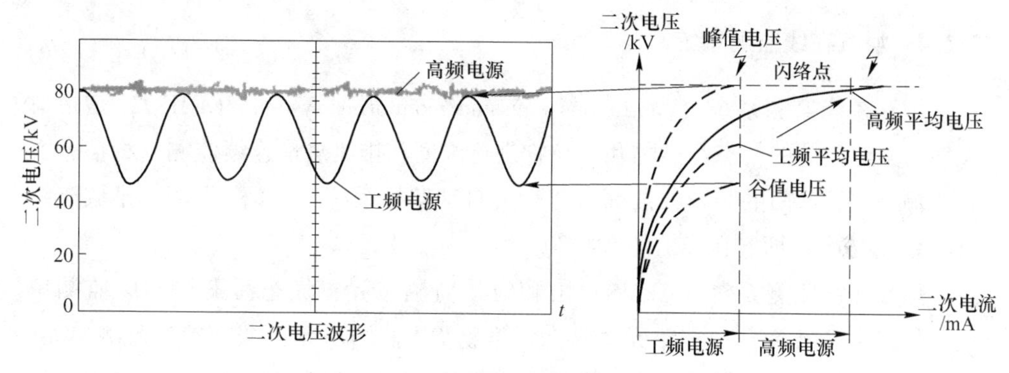

图 5-6 高频电源与常规电源供电输出对比

5.2.3.3 电除尘器入口烟气特性（超低排放改造设计值）

电除尘器入口烟气特性见表 5-1。

表 5-1 电除尘器入口烟气特性

序号	项 目	单位	设计煤种	校核煤种	备 注
1	实际耗煤量	t/h	131.95	145.70	—
2	除尘器入口烟气量	m^3/s	314.6	320.4	标态，湿基，实际氧量
3	除尘器入口烟气温度	℃	128/90	128/90	—
4	实际烟气量	m^3/s	435.4	443.4	已含负压修正
5	入口粉尘浓度	g/m^3	12.532	19.389	标，干，6%O_2
6	入口 SO_2 浓度	mg/m^3	921	1628	标，干，6%O_2
7	入口 SO_3浓度	mg/m^3	29	51	标，干，6%O_2

5.2.3.4 电除尘器各电场每小时理论排灰量

电除尘器各电场每小时理论排灰量（标准值）见表5-2。

表5-2 电除尘器各电场每小时理论排灰量 （标准值）

电场	1	2	3	4
排灰量/$t \cdot h^{-1}$	17.58	15.83	1.50	0.25

5.2.4 烟气在线监测系统

烟气在线监测系统（continuous emission monitoring system，CEMS），是指对大气污染源排放的气态污染物和颗粒物进行浓度和排放总量连续监测并将信息实时传输到主管部门的装置，被称为“烟气自动监控系统”，亦称“烟气排放连续监测系统”或“烟气在线监测系统”。

烟气在线监测系统（CEMS）由颗粒物监测单元、气态污染物 SO_2 监测单元、气态污染物 NO_x 监测单元、气态污染物CO监测单元、烟气参数监测单元、数据采集与处理单元组成，其功能是系统测量烟气中的颗粒物浓度、气态污染物（SO_2、NO_x、CO）浓度、烟气参数（温度、压力、流速或流量、湿度、含氧量等），同时计算烟气中污染物排放速率和排放量，显示（可支持打印）和记录各种数据和参数，形成相关图表，并通过数据、图文等方式传输至管理部门。

烟气在线监测系统（CEMS）的安装和技术性能必须符合《固定污染源烟气（SO_2、NO_x、颗粒物）排放连续监测技术规范》（HJ 75—2017）和《固定污染源烟气（SO_2、NO_x、颗粒物）排放连续监测系统技术要求及检测方法》（HJ 76—2017）的要求。

该电厂烟气在线监测系统的烟气测点位置如图5-7所示。

烟气在线监测系统（CEMS）结构主要包括样品采集和传输装置、预处理设备、分析仪器、数据采集和传输设备及其他辅助设备等（图5-8）。

样品采集和传输装置主要包括采样探头、样品传输管线、流量控制设备和采样泵等，预处理设备主要包括样品过滤设备和除湿冷凝设备等，分析仪器用于对采集的污染烟气样品进行测量分析，数据采集和传输设备用于采集、处理和存储监测数据，并能按中心计算机指令传输监测数据和设备状态信息，辅助设备主要包括尾气排放装置、反吹净化及其控制装置、稀释零空气预处理装置以及冷凝排放装置等。

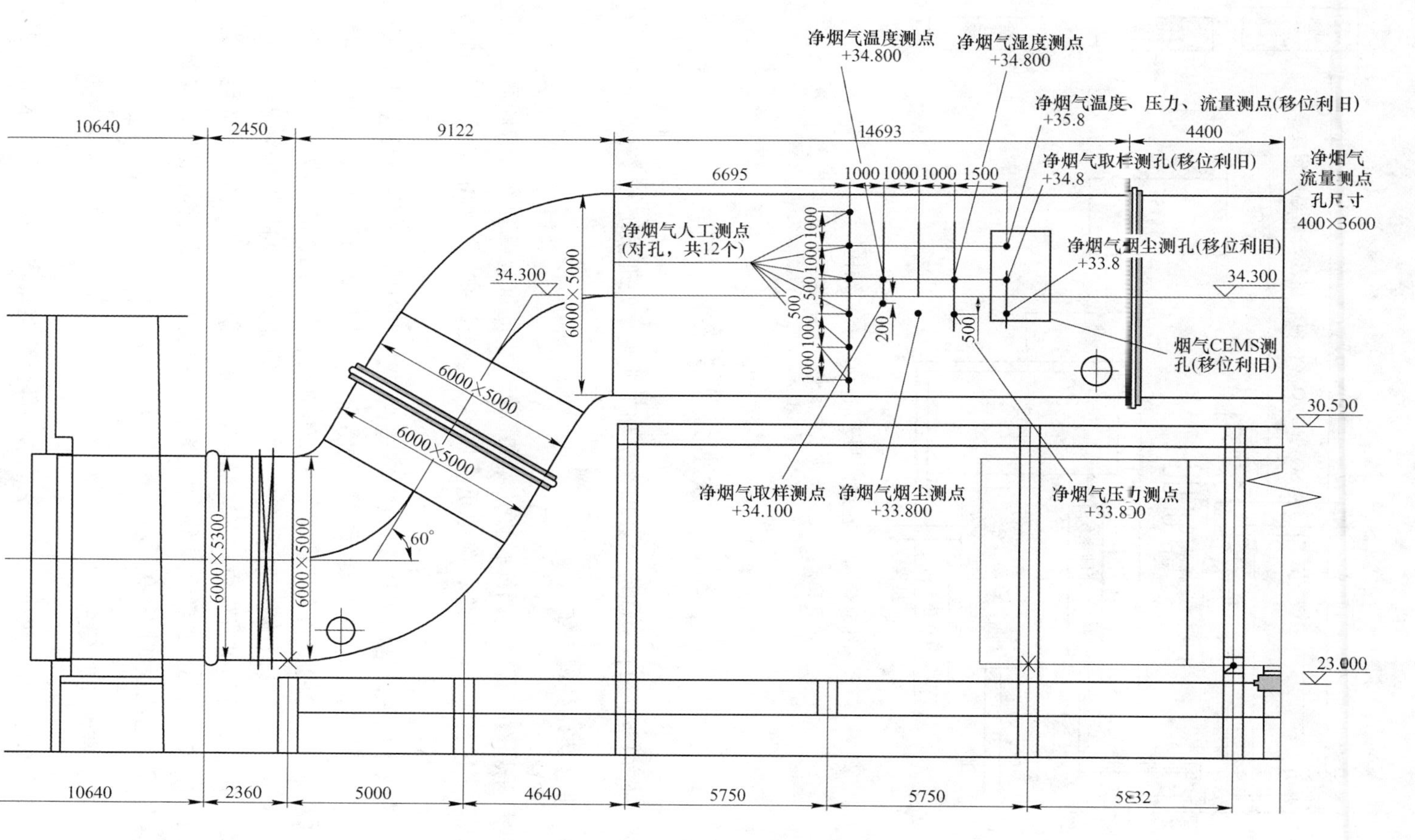

图5-7　烟气在线监测系统的烟气测点位置

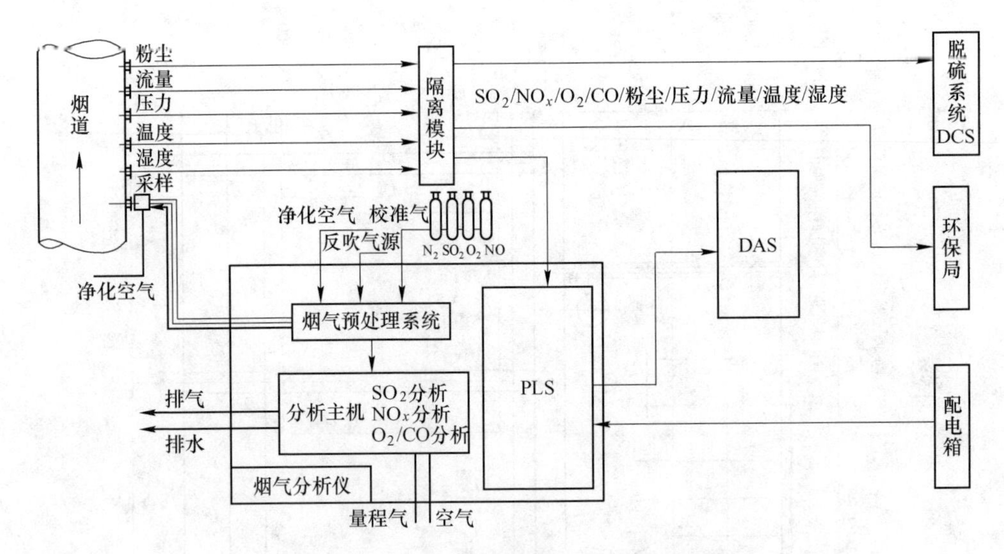

图 5-8 烟气在线监测系统（CEMS）结构

PLS—电厂控制系统；DAS—数据采集系统；DCS—数字化控制系统

5.3 废水处理系统

废水处理系统包括脱硫废水处理系统和工业废水处理系统。

5.3.1 脱硫废水处理系统

电厂采用石灰石湿法烟气脱硫，煤和石灰石中的重金属会进入脱硫废水。这些废水需要进行单独的处理，除去重金属离子、悬浮物，回收清水，减少排污，以满足环保排放要求。

脱硫废水的处理通常采用石灰中和法。石灰中和法的 pH 值一般控制在 9.5±0.3，此 pH 值范围适用于沉淀大多数的重金属，去除率可达 99%。为了沉降石灰中和法难于去除的镉和汞，还需要在 pH 值控制在 8~10 范围内，加入适量硫化物（有机硫），形成硫化物的沉淀。硫化物的加入量要适当，当硫离子过量时，会与硫化汞沉淀进行反应，形成配合离子而溶解，影响汞离子的脱除。为了消除可能生成的胶体，改善生成物的沉降性能，还需要加入混凝剂和助凝剂。脱硫废水处理工艺流程如图 5-9 所示。

5.3.2 工业废水处理系统

工业废水包括化学再生废水、灰渣水、部分机组排水、反渗透浓水等，主要

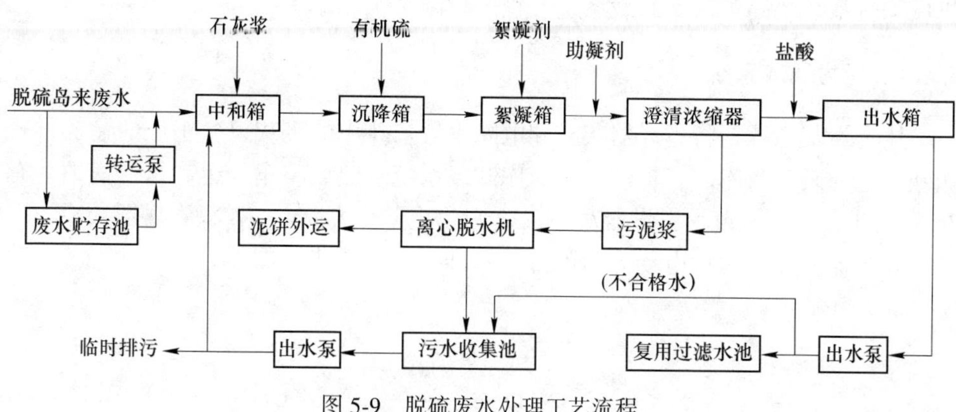

图 5-9 脱硫废水处理工艺流程

存在可能超标的指标为 SS 和 pH 值，工业废水经过三道 pH 值调节、絮凝沉淀后排入北排系统。工业废水处理工艺流程如图 5-10 所示。

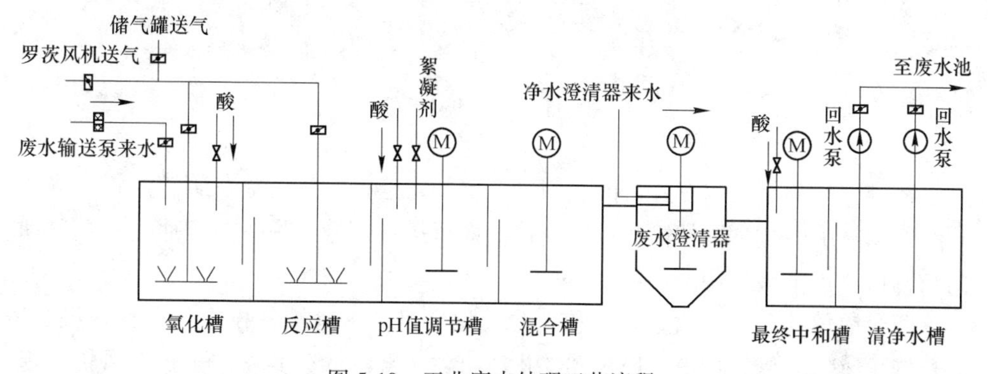

图 5-10 工业废水处理工艺流程

工业废水在废水池中汇总后，通过废水输送泵输送至氧化槽中，根据来水 pH 值，加入盐酸进行搅拌、中和。然后自流至反应槽、pH 值调节槽，根据来水 pH 值来启动加酸，并加入絮凝剂搅拌。再自流至混合槽搅拌混合后至废水澄清器，废水澄清器出水基本清澈，SS 合格。废水澄清器出水自流至中和槽，根据最终的 pH 值情况来判断是否需要进一步加酸中和。中和槽出水自流至清净水槽，用自吸泵输送至 4 号废水池。4 号废水池汇总的处理合格的废水通过废水泵进入北排系统，进入市政纳管。进入市政纳管前监测流量、pH 值、COD、氨氮。

5.4 除灰除渣系统

机组 8、机组 9 的灰渣处理系统由以下四个子系统组成，即压力飞灰系统、机械除渣系统、码头灰库卸载系统、程序控制系统。

5.4.1 压力飞灰系统

压力飞灰系统是将省煤器灰斗和电除尘器灰斗中的飞灰以微正压的输灰方式送到指定的码头灰库内，再经码头灰库卸载系统装船或装车外运。每台锅炉共有36只灰斗，其中4只为省煤器灰斗，32只为电除尘器灰斗。4只省煤器灰斗为一排，除尘器灰斗按四排电场分为四排，每排有8只灰斗（图5-11）。

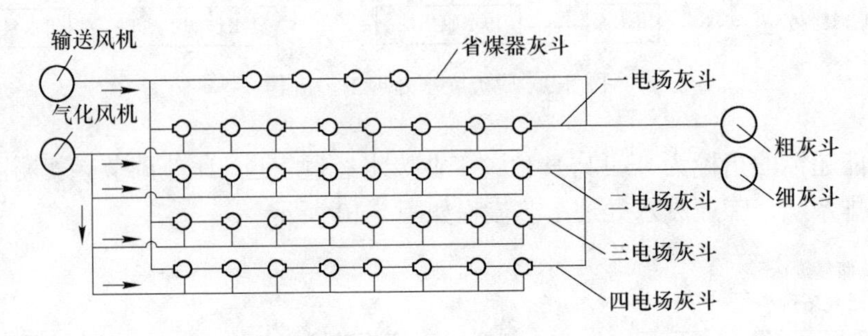

图5-11 压力飞灰系统

每排中的灰斗底部有各自的气锁阀一台，它连接每排的输灰管道。每排输灰管经手动隔绝门与系统的输灰母管连接，而每排输灰管的另一端则通过一个气动门与输送风机出口连接。

两台锅炉共有三台输送风机和三台气化风机，每台炉各投运一台输送风机，一台气化风机，另一台输送风机和气化风机作为系统的公共备用。输送风机是提供系统送灰时的气源，而气化风机的出口还装有一套电加热器装置，使空气加热后送入电除尘灰斗的底部和气锁阀顶部门，使灰斗底部的飞灰得到充分流化，增强飞灰的流动性，防止结露造成斗内搭桥。

每台炉有两根输灰母管，省煤器灰斗和除尘器一电场灰斗的灰经过一根输灰母管被送到码头粗灰库；除尘器二、三、四电场灰斗的灰则通过另一根输灰母管被送到码头上的细灰库内。在两台炉的两根细灰管之间和两根粗灰管之间上各设有五个手动切换的闸门组成交叉网络，确保输灰母管或灰库在事故检修状态时系统的正常出灰工作，同时确保此时系统不会将粗、细灰混排的方式送到码头的粗灰库或细灰库内。

每台炉系统输灰出力为42t/h，能满足BMCR工况下校核设计煤种时，系统出力有100%的裕量。飞灰输送系统的输送用气由输送风机提供，仪用气由8号、9号机组仪用压缩空气系统提供。

5.4.2 机械除渣系统

机械除渣系统是由渣斗底部捞渣机将锅炉底渣输送到渣仓，再由卡车输送走的系统。整个系统的设备包括蓄水池、沉淀池、沉渣池、污水池、冷渣水泵、泥浆泵、水泵轴封泵、渣斗、捞渣机和配套液压油站、中转渣仓、溢流水池及搅拌器、溢流水泵、管道、阀门等组成。蓄水池、沉淀池均装有公用水补水门，并且互为备用，为冷渣水泵提供足够的水源，蓄水池、沉淀池的水位由液位控制仪控制。

溢流水池接受底渣区域的溢流水，再由溢流水泵输送到沉淀池（或蓄水池）。

蓄水池和沉淀池底部各有两台泥浆泵，一台运行一台备用，主要是将沉淀池和蓄水池中的沉淀物由其泥浆泵最终排入溢流水池，以防止炉 8/9 蓄水池出现满溢，影响雨水井的水质。刮板捞渣机的工作原理如下：渣井下来的高温炉渣落入捞渣机壳体内，通过壳体内的冷却水对高温炉渣进行冷却。同时保持炉膛与外界隔绝。冷却后的炉渣通过捞渣机双马达驱动，带动刮板、圆环链运动，将其连续输送到渣仓。当传动装置或渣仓出现故障时，可暂时充当渣斗，储存炉渣。

捞渣机配套的液压动力站的作用是在适当的时候，为液压马达提供必需的流量和压力。动力站中有一台由电机驱动的液压泵，主泵是用于开式系统的轴向柱塞变量泵，主泵出来的油经过电液比例换向阀进入液压马达，推动马达运转。系统中电液比例换向阀的前后压力差被引入液压变量泵变量控制机构，系统输出流量根据压差的大小来自动调节。当增大电液比例换向阀的开口时，两端压差变小，为保持两端压力差不变，通过的流量就要增大，变量泵输出的流量就增加；反之，则流量减少。液压泵自带最高压力限定，当系统压力超过设定的最高压力时，液压泵排量会自动为零，没有液压油输出。从液压马达输出的液压油经阀块和回油过滤器、冷却机流回油箱。马达泄漏油通过泄漏油回路和泄漏油过滤器回油箱。在泄漏油回路上有一快速接头，用于向系统加油。液压系统设有油温和油位警告、报警信号，当油温超过 60℃、油位低于设定低油位时，油温计和液位计会动作，发出警告信号。当油温超过 70℃，或油位低于设定的最低液位时，油温计和液位计又会动作，发出报警信号。当油温超过设定的冷却器启动温度时，冷却器会自动打开。

5.4.3 码头卸载系统

两台锅炉共有四座干灰库，干灰库布置在灰码头。每台锅炉各一座粗灰库（存放省煤器及除尘器一电场的飞灰），各一座细灰库（存放除尘器二、三、四电场的飞灰）。在灰库 5 顶部装有细灰管切换刀阀 4 个，在灰库 7 顶部装有粗灰管切换刀阀 4 个，用于灰库间进灰的切换。各灰库顶上都装有一只防爆安全门和一只脉冲喷射式排气过滤器及一台全程料位器（随时可测量灰库内任意料位，1%~100%），同时灰库侧壁还装有高料位和低料位报警，灰库底部共有两个卸料口，在两个卸料口的周边均辐射形布置着共31根总长115m的气化板，灰库气化风机经各灰库气化板向灰库底部提供加热后的气化空气，使灰库底部卸料口的飞灰保持流化状态，防止结露。每个灰库运转层设置一套出力100t/h的干灰散装机，供干灰装车外运；一套100t/h加湿搅拌机供干灰调湿后装卡车外运；一套200t/h加湿搅拌机供干灰调湿后通过皮带机向灰驳装船外运到灰渣场贮存。

两台锅炉共设置一台多功能一体式装船机，装船机设置在灰码头。运输单位定期将炉8、炉9渣仓收集的灰渣转运至灰码头，再通过装船机将灰渣装船外运。

5.4.4 程序控制系统

输灰控制系统在灰控楼的工程师站内设有1台工程师站，在脱硫集控室内设有2台操作员站，供值班员进行操作。2台操作员站可互为备用。底渣控制系统在灰控楼的工程师站内设有1台工程师站。在脱硫集控室内设有1台操作员站，供值班员进行操作。

整个系统由飞灰控制系统和除渣控制系统两部分组成，每部分均有两台PLC，且两台PLC互为备用。四台PLC共置于同一逻辑柜内，逻辑柜设在灰控楼的除灰控制室内。